Carl Wilhelm C. Fuchs

Anleitung zum Bestimmen der Mineralien

Carl Wilhelm C. Fuchs
Anleitung zum Bestimmen der Mineralien
ISBN/EAN: 9783743413528
Hergestellt in Europa, USA, Kanada, Australien, Japan
Cover: Foto ©berggeist007 / pixelio.de

Manufactured and distributed by brebook publishing software (www.brebook.com)

Carl Wilhelm C. Fuchs

Anleitung zum Bestimmen der Mineralien

Anleitung

zum

Bestimmen der Mineralien

von

Dr. C. W. C. Fuchs,
a. o. Professor an der Universität zu Heidelberg.

I. Tafeln zur Bestimmung der Mineralien durch das Löthrohr.
II. Tafeln zur Bestimmung der Mineralien durch physikalische Kennzeichen.

Heidelberg:
Ernst Carlebach.
1868.

Vorwort.

Durch den Unterricht im Bestimmen der Mineralien, welchen ich seit mehreren Jahren an hiesiger Universität ertheile, wurde ich veranlasst eine Anleitung zum Bestimmen der Mineralien zu verfassen. Dieselbe zerfällt in zwei Theile. Der erste Theil betrifft die Bestimmung der Mineralien mit Hülfe des Löthrohres, der zweite die Bestimmung krystallisirter Mineralien durch physikalische Kennzeichen. Beide Theile ergänzen sich gegenseitig, so dass, bei richtigem Gebrauch derselben, wohl keine gut charakterisirte Mineralspecies verkannt werden wird. Das Manuskript wurde längere Zeit von meinen Praktikanten benutzt und da ich mich von der Brauchbarkeit der Methoden überzeugt habe, so übergebe ich jetzt diese Anleitung der Oeffentlichkeit, in der Hoffnung, dass dieselbe auch für Andere von Nutzen sein möge. Die anzustellenden Untersuchungen sind so einfach, dass dieselben auch ohne Anleitung eines Lehrers, bei genügenden krystallographischen und den gewöhnlichen chemischen Kenntnissen, leicht ausgeführt werden können.

Heidelberg im April 1868.

Der Verfasser.

Einleitung.

Das vorliegende Werk soll ein Hülfsmittel zur Bestimmung der Mineralien sein. Es wird dabei vorausgesetzt, dass krystallisirte Mineralien, ohne dieselben zu zerstören, untersucht werden sollen, also durch ihre Krystallgestalt und physikalischen Eigenschaften bestimmt werden müssen. Dazu dienen die „Tafeln zur Bestimmung der Mineralien durch physikalische Kennzeichen." — Häufig hat man es mit sehr kleinen Krystallen oder auch mit Mineralsubstanzen ohne ausgebildete Krystallform zu thun. Diese sollen durch Untersuchung der chemischen Eigenschaften mit Hülfe des Löthrohres bestimmt werden und dazu sind die „Tafeln zur Bestimmung der Mineralien durch das Löthrohr" verfasst.

Mineral-Untersuchung mit Hülfe des Löthrohrs.

Wenn die Mineral-Untersuchung nicht allein im Laboratorium möglich, sondern für den Mineralogen unter allen Umständen, auch auf Reisen und unmittelbar an den Fundstätten der Mineralien, ausführbar sein soll, so muss sich dieselbe auf die einfachsten Mittel beschränken und man muss durch wenige leicht auszuführende Reaktionen zum Ziele gelangen. Der Chemiker kann dann im Laboratorium, wo ihm die Hülfsmittel zu Gebote stehen, durch noch andere Geräthschaften und durch Vermehrung der Reaktionen, sich die Bestimmung der Mineralien in einzelnen Fällen erleichtern.

Die Löthrohrflamme.

Aus mehreren Gründen würde sich die Leuchtgasflamme am meisten zu den vorliegenden Untersuchungen eignen, allein, da man von dem Vorhandensein des Gases unabhängig sein soll, so bedient man sich am besten einer Oelflamme mit einfacher Lampe. Man kann dazu die von Plattner angegebene Lampe benutzen oder eine noch einfacher construirte mit breitem Docht. Auch die Flamme eines Stearinlichtes, das so leicht transportabel ist, genügt gewöhnlich.

Das Löthrohr.

Als Löthrohr ist ein solches zu empfehlen, das sich in Spitze, Röhre und Windkasten zerlegen und wieder leicht zusammensetzen lässt, indem dadurch bedeutende Raumersparniss erzielt wird. Zu jedem Löthrohre sollten zwei Spitzen gehören, die eine mit engerer Oeffnung, die andere mit einer etwas weiteren. Die letztere dient zur Erzeugung der Oxydationsflamme, die erstere zum Hervorbringen der Reduktionsflamme.

Die Geräthschaften.

Holzkohle. Gut ausgeglühte Holzkohle, die sich an einem hellklingenden Tone zu erkennen gibt, dient häufig als Unterlage für die zu untersuchende Probe, besonders, wenn eine reduzirende Wirkung beabsichtigt wird. Soll ein Körper reduzirt und die Untersuchung mit einer sehr kleinen Quantität ausgeführt werden, so kann man das eine Ende eines Schwefelholzes mit Soda bestreichen und vorsichtig verkohlen und dann die feuchte Probe an der Spitze des dadurch erhaltenen Kohlenstäbchens befestigen.

Glasröhren. Glasröhren, an einem Ende zugeschmolzen und 5—7 Centimeter lang, 4—6 Millimeter weit, dienen dazu, um fast alle nassen Reaktionen auszuführen und um die flüchtigen Produkte einer Substanz, die sich beim Erhitzen ohne Luftzutritt bilden, zu prüfen.

Platindraht. Der Platindraht muss etwa die Dicke eines Pferdehaares haben und zwischen 10 und 20 Centimeter lang sein. Kleinere Stücke von Platindraht können mit ihrem einen Ende in eine Glasröhre eingeschmolzen werden. (Substanzen, welche dem Platin schädlich sind, z. B. Pb. As. Bi., bringt man an einer Asbestfaser in die Flamme.)

Platinblech. Die Breite des Platinbleches mag 14—18 Millimeter betragen, die Länge etwa 4—5 Centimeter.

Pincette mit Platinspitzen. Dieselbe eignet sich besonders dazu um kleine Mineral-Splitter, welche die Flamme färben sollen, oder solche, die man auf ihre Schmelzbarkeit prüfen will, in die Flamme zu halten.

Achatreibschale. Dieselbe braucht nur einen Durchmesser von 2—3 Centimeter zu besitzen.

Magnetstab. Anstatt des Magnetstabes kann man sich die Spitze des Taschenmessers magnetisch machen und dann dasselbe in gleicher Weise anwenden, wie den Magnetstab.

Reagentien.

Die Reagentien, welche zu den in der Tabelle angegebenen Reaktionen dienen, sind:

Soda (calcinirt).
Borax.
Phosphorsalz. $(NaO, NH^4O, HO) PO^5 + 8HO$.
Salzsäure (concentrirte).
Salpetersäure (verdünnte).
Schwefelsäure.
Lösung von salpetersaurem Kobaltoxydul (Kobaltsolution).
Kalilauge (mässig concentrirt).
Kalisalpeter.
Chlornatriun.
Saures schwefelsaures Kali oder Flussspathpulver. Die-

selben dienen zur Austreibung und leichteren Erkennung flüchtiger und Flamme färbender Körper.

Kupferoxyd.

Stanniol.

Lakmuspapier.

Härte-Skala. Man kommt oft in den Fall, die Härte eines Minerals prüfen zu müssen und zu diesem Zweck hält man kleine eckige und scharfkantige Stücke der zehn, in der Mineralogie zur Bestimmung der Härte gebräuchlichen, Mineralien vorräthig. Bei hinreichender Uebung gelingt es auch schon durch den Versuch, ein Mineral mit dem Messer zu ritzen, seine Härte annähernd zu bestimmen.

Reaktionen.

Von den verschiedenen Reaktionen eines Körpers sollen, der Einfachheit halber, nur wenige, leicht auszuführende, charakteristische Reaktionen benutzt werden. Die auf trockenem Wege zu erlangenden Kennzeichen sind die eigentlichen Löthrohrreaktionen und nur, wo dieselben unsicher sind oder fehlen, werden einzelne nasse Reaktionen zu Hülfe genommen.

Sauerstoff. Der Sauerstoff wird nur in solchen Körpern, die freien Sauerstoff abzugeben im Stande sind, nachgewiesen. Durch Glühen der Substanz in einer Glasröhre wird der Sauerstoff frei gemacht und bringt dann ein glimmendes Holzspänchen zu lebhafter Gluth. Da man jedoch nur sehr kleine Proben eines Minerals zur Untersuchung nimmt, so ist die dadurch zu erhaltende Menge Sauerstoff so gering, dass die Erscheinung gewöhnlich nicht entscheidend wird. Es empfiehlt sich darum zur Erkennung so kleiner Mengen einen andern Weg einzuschlagen. Man bringt zu der Probe ein Körnchen Chlornatrium und einen Tropfen Schwefelsäure. Beim Erwärmen wird Chlor, an Stelle des Sauerstoffs frei, das dann schon durch den Geruch unter allen Umständen erkannt werden kann oder feuchtes **Lakmuspapier** zu bleichen im Stande ist.

Wasser. Beim Erhitzen der zu untersuchenden Probe setzt sich das Wasser in dem kälteren Theile der Glasröhre in Tropfen ab. Das Wasser muss mit Lakmuspapier geprüft werden, indem dasselbe neutral, alkalisch oder sauer reagiren kann und diese Reaktion für gewisse Substanzen charakteristisch ist. Kleine Mengen von Wasser findet man oft bei Mineralien in beginnender Verwitterung.

Schwefel. Der Schwefel in Schwefelverbindungen und schwefelsauern Salzen wird dadurch erkannt, dass man die Probe mit Soda auf Kohle zusammenschmilzt.. Die geschmolzene Masse gibt, wenn sie auf Silber (Münze) gelegt und mit Wasser befeuchtet wird einen braunen Fleck (Heparreaktion). Um sehr kleine Proben auf diese Weise zu untersuchen, kann man das eine Ende eines Schwefelholzes mit Soda bestreichen und langsam verkohlen lassen und dann die feuchte Probe an der Spitze des dadurch erhaltenen Kohlenstäbchens befestigen. — Selen und Tellur geben dieselbe Reaktion; man muss sich daher von ihrer Abwesenheit überzeugen. — Die Schwefelverbindungen werden von den schwefelsauern Salzen dadurch unterschieden, dass bei einfacher Erhitzung der erstern in der Flamme, der Geruch von schwefliger Säure auftritt.

Salpetersäure kommt im Mineralreiche nur wenig vor. Die salpetersauern Salze verpuffen auf der Kohle und geben, wenn sie mit sauerm schwefelsauerm Kali zusammengeschmolzen werden, braunrothe Dämpfe.

Selen. Selen und Selenverbindungen geben, wenn sie auf Kohle erhitzt werden, einen starken Geruch nach faulen Rettigen. In der Glasröhre sublimirt das Selen mit rother Farbe. Die Oxydationsflamme wird gewöhnlich deutlich kornblumenblau gefärbt.

Tellur. Tellur und seine Verbindungen geben auf Kohle einen weissen Beschlag, der in der Reduktionsflamme mit grünem Schein verschwindet. — Tellurverbindungen mit conc. Schwefelsäure erhitzt, färben dieselbe roth.

Phosphor kommt nur als Phosphorsäure zur Untersuchung. Die Phosphorsäure färbt die Flamme blaugrün; die Salze derselben müssen mit Schwefelsäure befeuchtet werden, damit die Flammenfärbung sichtbar wird, auch ist es nothwendig einen etwa vorhandenen Wassergehalt durch Glühen vorher zu entfernen. Ist die in dem Salz enthaltene Base eine stark die Flamme färbende, so tritt die Färbung durch Phosphorsäure nur anfangs auf. — Nach Bunsen erkennt man den Phosphorgehalt auf folgende Weise: Man bringt die geglühte und zerdrückte Probe in eine nur strohhalms dicke Glasröhre und fügt ein mehrere Millimeter grosses Stück Magnesiumdraht oder auch Natrium hinzu und erhitzt. Unter lebhafter Feuererscheinung entsteht Phosphormagnesium. Die geschmolzene Masse mit Wasser befeuchtet und zerdrückt, gibt den charakteristischen Geruch von Phosphorwasserstoff.

Arsen. Arsen gibt auf Kohle einen auffallenden Geruch nach Knoblauch und in bedeutender Entfernung von der Probe einen schwach grauen Beschlag, der in der Reduktionsflamme mit schwach blauem Scheine verschwindet. — Arsenverbindungen bilden, wenn sie mit trockener Soda und Cyankalium in der Glasröhre erhitzt werden, einen Metallspiegel von Arsen.

Antimon. Antimon und Antimonverbindungen erkennt man an dem starken weissen Beschlag, der sich auf der Kohle bildet und einen blauweissen Rand hat. Gewöhnlich steigt auch ein starker weisser Rauch auf. Der Beschlag verschwindet in der Reduktionsflamme mit sehr schwach grünlich blauem Schein.

Fluor. Fluorverbindungen werden in der Glasröhre mit sauerm schwefelsauerm Kali geschmolzen oder mit conc. Schwefelsäure erhitzt, wobei sich Flusssäure entwickelt, die einen stechenden Geruch besitzt und, wenn sie in erheblicher Menge vorhanden ist, das Glas matt ätzt.

Chlor. Manche Chlorverbindungen färben, nachdem sie mit Schwefelsäure befeuchtet sind, die Flamme grün. — Am sichersten wird Chlor erkannt, wenn man die zu untersuchende Probe mit einer, durch Kupferoxyd gesättigten, Boraxperle zusammenschmilzt. Bei Anwesenheit von Chlor wird dann die Flamme intensiv blau gefärbt.

Brom und *Jod* kommen im Mineralreiche nur selten zur Untersuchung. Brom färbt die Flamme blaugrün, wenn die auf Brom zu untersuchende Probe mit einer Kupferoxyd haltigen Phosphorsalzperle zusammengeschmolzen wird; Jod färbt unter denselben Umständen die Flamme smaragdgrün.

Borsäure. Die Borsäure färbt die Oxydationsflamme zeisiggrün. Am deutlichsten wird die Reaktion, wenn man die Probe mit einem Gemenge aus vier Theilen doppelt schwefelsauerm Kali und einem Theil Flussspath zusammen erhitzt. Borsaure Salze färben den Rand der Flamme deutlich, wenn sie mit Schwefelsäure befeuchtet sind.

Kohlensäure. Kohlensaure Salze geben sich durch lebhaftes Aufbrausen zu erkennen, wenn sie mit Säuern benetzt werden. Manchmal kommt die Erscheinung erst beim Erwärmen. Ein schwacher Gehalt an Kohlensäure ist nicht immer bedeutungsvoll, sondern kann durch eingetretene Verwitterung veranlasst sein.

Kieselsäure. Kieselsäure und Silikate geben beim Schmelzen in der Phosphorsalzperle ein in der Perle schwimmendes Kieselsäureskelett. Mit Soda in der Oxydationsflamme behandelt lösen sich Kieselerde und Silikate unter Aufbrausen auf. Wird die Schmelze auf einem Uhrglas mit Wasser und Essigsäure (oder verdünnter Salzsäure) versetzt, so scheidet sich gelatinöses Kieselerdehydrat ab. Wird dagegen die Schmelze noch heiss mit Zinnchlorür befeuchtet und geglüht, so wird dieselbe nicht blau gefärbt und unterscheidet sich dadurch von Titan-, Niob- und Tantalsäure.

Titan. Die Titanverbindungen ertheilen der Phosphorsalzperle im Reduktionsfeuer eine schwache Amethystfärbung. In der Oxydationsflamme wird die Perle farblos. Setzt man zu der Perle im Reduktionsfeuer etwas Eisenvitriol, so wird dieselbe eigenthümlich blutroth. — Soda löst die Titanverbindungen zu einer undurchsichtigen Schmelze. Wird dieselbe noch heiss mit Zinnchlorür befeuchtet und in der Reduktionsflamme erhitzt, so löst sie sich dann beim Erwärmen mit schwacher Amethystfarbe in Salzsäure.

Tantal. Die Tantalverbindungen geben dieselben Reaktionen, wie Titan. — Wird eine Tantalverbindung mit Aetzkali geschmolzen, in heissem Wasser gelöst, mit Salzsäure neutralisirt, so entsteht ein Niederschlag, der, nach dem Kochen mit verdünnter Schwefelsäure und auf Zusatz von Zink, lichtblau wird, und beim Verdünnen mit Wasser seine **Farbe rasch verliert.**

Niobium. Die Niobverbindungen haben dieselben Reaktionen wie Titan in den Perlen. — Werden Niobverbindungen, sowie die Tantalverbindungen mit Aetzkali u. s. w. behandelt, so färbt sich die Lösung tiefer blau, wie beim Tantal, und beim Verdünnen mit Wasser wird dieselbe **zuerst braun und wird nur langsam wieder weiss.**

Molybdän. Die Borax-Oxydationsperle wird von Molybdän in der Hitze gelb bis dunkelroth, kalt farblos, bei viel Zusatz schwarz. In der Reduktionsflamme wird dieselbe Perle braun. Die Phosphorsalzperle wird in der Oxydationsflamme grün; auch in der Reduktionsflamme ist die Farbe dieser Perle grün. — Bunsen gibt noch folgende treffliche Methoden an: Die fein zerriebene Probe wird mit Soda am Platindraht zusammengeschmolzen; man digerirt darauf diese Masse mit ein paar Tropfen Wasser in der Wärme und saugt dann die über dem Niederschlag befindliche Flüssigkeit mit Filtrirpapier auf. Ein Stückchen dieses Papieres gibt durch Befeuchten mit Salzsäure und einem Tropfen Blutlaugensalz eine rothbraune Farbe. Ein zweites Stückchen davon wird mit Zinnchlorür befeuchtet und wird darauf in der Wärme blau. (Kommt eine gelbe Farbe zum Vorschein, so muss noch etwas von der ursprünglichen Lösung zugesetzt werden). Der Rest des Papieres nimmt durch Schwefelammonium eine braune Farbe an.

Wolfram. Wolfram gibt in äusserer und innerer Flamme eine farblose bis braune Boraxperle. Charakteristisch ist die Phosphorsalz-Reduktionsperle; in der Hitze ist dieselbe schmutzig grün, in der Kälte aber blau; bei Zusatz von Eisenoxyd wird diese Perle blutroth. — Nach Bunsen verfährt man mit Wolframverbindungen, wie oben bei Molybdän angegeben. Wird dann das Papier mit Salzsäure und Blutlaugensalz befeuchtet, so entsteht keine Färbung. Eine andere Stelle mit Zinnchlorür benetzt, färbt sich blau. Durch Schwefelammonium wird das Papier blau oder grünlich.

Vanadin. Die Boraxperle wird von Vanadinverbindungen im Oxydationsfeuer gelblich; im Reduktionsfeuer grün.

Zinn. Die Zinnverbindungen werden, mit Soda auf Kohle geschmolzen, leicht reduzirt. Zerreibt man die Masse und spült die Kohle mit Wasser weg, so bleiben glänzend weisse Flitter.

Silber. Die Silberverbindungen bilden nach dem Schmelzen mit Soda auf Kohle ein weisses duktiles Silberkorn. Es löst sich dasselbe leicht in Salpetersäure und gibt mit Salzsäure Chlorsilber.

Gold. Das Gold gibt, wie Silber behandelt, ein Goldkorn, das weder von Salzsäure, noch von Salpetersäure gelöst wird, wohl aber von Königswasser. Wird diese Lösung von Fliesspapier aufgesogen und letzteres dann mit Zinnchlorür befeuchtet, so entsteht Goldpurpur.

Platin. Die Platinverbindungen bilden mit Soda am Platindraht in der Oxydationsflamme geglüht eine graue schwammige Masse, die sich im Achatmörser zu glänzenden Metallflittern zerreiben lässt.

Palladium, Rhodium, Ruthenium, Iridium geben keine charakteristische Reaktionen vor dem Löthrohre. Palladium und Rhodium geben, mit zweifach schwefelsauerm Kali geschmolzen, eine gelbe Masse, Ruthenium beim Schmelzen mit Salpeter eine orangegelbe.

*Osmium*verbindungen geben in der Oxydationsflamme flüchtige Osmiumsäure von stechendem Geruch.

Quecksilber. Das Quecksilber verflüchtigt sich vor dem Löthrohre. — In Quecksilberverbindungen können schon sehr kleine Mengen von Quecksilber erkannt werden, wenn man die trockene Probe mit Soda in einem Glasröhrchen (5—6 Millimeter weit, 10—20 Millimeter lang) erhitzt und dessen Oeffnung mit einem wassergefüllten Porzellanschälchen bedeckt. Es bildet sich dann ein Beschlag oder kleine Tropfen.

Wismuth. Wismuthverbindungen geben auf Kohle einen gelben Beschlag. Mit Soda geschmolzen erhält man auf Kohle ein Metallkorn. Sehr kleine Mengen werden, wie bei der Heparreaktion angegeben, reduzirt. Das Metallkorn unterscheidet sich von einem Bleikorn durch seine Sprödigkeit.

Kupfer. Die Boraxoxydationsperle ist blau und wird im Reduktionsfeuer, besonders auf Zusatz von Stanniol, leberbraun und undurchsichtig. Mit Soda auf Kohle geschmolzen, erhält man ein kupferrothes Metallkorn aus kupferhaltigen Mineralien.

Blei. Bleiverbindungen färben die Flamme fahlblau, geben auf Kohle einen gelben Beschlag und mit Soda reduzirt, ein sehr weiches duktiles Metallkorn.

Cadmium. Die Verbindungen dieses Metalls bilden auf Kohle einen braunen Beschlag.

Zink. Zinkverbindungen geben auf Kohle einen weissen, in der Hitze gelben, Beschlag; wird der Beschlag mit Kobaltsolution geglüht, so nimmt er eine grüne Farbe an.

Kobalt. Kobaltverbindungen färben die Boraxperlen intensiv blau.

Nickel. Die Farbe der Boraxperle wird durch Nickelverbindungen in der äussern Flamme braunroth, in der Reduktionsflamme grau bis farblos. Mit Soda auf Kohle reduzirt und die Masse dann zerrieben, erhält man Metallflitter, die vom Magneten angezogen werden. (Ebenso verhält sich Kobalt).

Eisen. Eisenverbindungen durch Soda reduzirt, geben Flitterchen, die stark vom Magneten angezogen werden. Die Boraxperle wird durch Oxydation gelb bis bräunlich, durch Reduktion farblos oder bouteillengrün.

Mangan. Manganverbindungen färben schon in kleiner Menge die Boraxoxydationsperle amethystroth; die Reduktionsperle ist farblos. Manganverbindungen mit Soda und Salpeter zusammengeschmolzen, bilden eine grün gefärbte Masse.

Uran. Die Boraxperle ist in der Oxydationsflamme gelb und wird im Reduktionsfeuer grün. — Nach der Methode von Bunsen werden die Uranverbindungen mit zweifach schwefelsauerm Kali am Platindraht geschmolzen, die Schmelze dann mit einigen Körnchen krystallisirtem kohlensauern Natron zerrieben und befeuchtet und darauf mit Fliesspapier aufgesogen. Auf diesem gibt Blutlaugensalz nach dem Befeuchten mit Essigsäure einen braunen Fleck.

Zirkonerde phosphorescirt stark und wird durch Kobaltsolution schmutzig violett gefärbt.

Thonerde. Die Verbindungen der Thonerde werden durch Glühen mit Kobaltsolution blau gefärbt; Alkalien und Eisenoxyd verhindern diese Färbung ganz oder theilweise.

Beryllerde gibt mit Borax und Phosphorsalz klare Perlen, welche bei Uebersättigung emailartig werden.

Yttererde, *Lanthan*, *Didym*, *Thorerde* und *Cer* geben keine charakteristische Löthrohrreaktion.

Chrom färbt die Perlen schön grün. Am Platindraht mit Soda und Salpeter geschmolzen, geben die Chromverbindungen eine hellgelbe Masse.

Talkerde bildet nach dem Glühen mit Kobaltsolution eine schwach fleischrothe Masse; die Gegenwart von Alkalien, Erden oder Metalloxyden verhindert die Färbung mehr oder weniger, Kieselsäure aber nicht.

Kalkerde. Die Kalksalze färben die Flamme gelbroth (am wenigsten schwefelsaurer und kieselsaurer Kalk. Schwefelsauern Kalk kann man auf Kohle glühen und dann mit Salzsäure benetzen, wornach die Flammenfärbung deutlich erscheint).

Strontianerde und deren Salze färben die Flamme carminroth. (Schwefelsaure Strontianerde wird, wie bei Kalkerde angegeben, behandelt).

Baryterde und deren Salze färben die Flamme grün. Schwefelsaurer Baryt muss wie schwefelsaurer Kalk behandelt werden.

Lithion und seine Salze geben rothe Flammenfärbung. Bei Gegenwart von Natron kommt die Farbe nur anfangs. Die Silikate müssen mit Flussspath und zweifach schwefelsauerm Kali zusammengeschmolzen werden.

Natron. Natronsalze färben die Flamme intensiv gelb und verdecken andere Flammenfärbungen, z. B. die von Kali. Beleuchtet man mit der Natronflamme ein durch Quecksilberjodid gefärbtes Papier, so verschwindet die Farbe desselben. Die Natronflamme, durch ein blaues Kobaltglas betrachtet, erscheint reinblau und ist bei kleinem Natrongehalt unsichtbar.

*Kali*salze färben die Flamme violett; Natron und Lithion verhindern die Reaktion, allein durch ein blaues Kobaltglas sieht man die Kaliflamme auch dann violett.

Sind Kali, Natron und Lithion neben einander in einer Flamme zu vermuthen, so betrachtet man dieselbe durch ein mit Indigolösung gefülltes Prisma. In der dünnen Indigoschicht erscheint die Natronflamme violett und verschwindet allmählig da, wo die Schicht dicker wird. An dieser Stelle sieht die Lithionflamme roth, die Kaliflamme kornblau aus. Die rothe Lithionfarbe wird mit zunehmender Dicke der Flüssigkeitsschicht immermehr der Kalifarbe ähnlich, die von Blau in Violett und zuletzt in Roth übergeht.

Ammoniak. Ammoniakverbindungen riechen beim Erhitzen mit Soda in der Glasröhre stark nach Ammoniak; bringt man einen mit Salzsäure befeuchteten Glasstab in die Nähe, so entstehen dichte weisse Nebel.

Die Anwendung der Tabelle wird, selbst ohne Erklärung, keine Schwierigkeit bereiten. Am besten folgt man zuerst der Uebersicht, indem man die daselbst angegebenen Reaktionen der Reihe nach ausführt. Sobald eine derselben bei der zu untersuchenden Probe eintrifft, schlägt man den speziellen Theil auf, wo die zu dieser Gruppe gehörenden Mineralien zusammengestellt sind. Dort findet man dann auch weitere Angaben, um die verschiedenen zu einer Gruppe vereinigten Mineralien von einander zu unterscheiden. Nur bei sehr ähnlichen Mineralien einer Gruppe sind alle charakteristischen Eigenschaften angegeben; sind die Mineralien sehr verschieden, dann ist nur die charakteristischste Eigenthümlichkeit zur Unterscheidung benützt.

Ausserdem sind noch folgende Punkte zu berücksichtigen:

Die erste Bedingung des Gelingens einer Mineral-Untersuchung beruht auf dem Aussuchen reiner Substanz. Die Probe muss zuerst in zerkleinertem Zustande mit der Lupe untersucht werden, um sich von ihrer Homogenität zu überzeugen.

Die zur Bestimmung der Gruppen gewählten Reaktionen müssen, wenn sie gut ausgeführt werden, stets stark und deutlich zum Vorschein kommen; innerhalb der Gruppen hat man dagegen auch auf schwache Reaktionen Rücksicht zu nehmen.

Ein geringer Wasser- und Kohlensäure-Gehalt kann oft von einer begonnenen Verwitterung herrühren und man hat sich darum zu überzeugen, dass die Probe von Verwitterung noch nicht angegriffen ist.

Manche Mineralien müssen, wegen vikariirender Bestandtheile oder wegen verschiedener Eigenschaften an verschiedenen Fundorten, unter mehreren Gruppen aufgeführt werden. Es ist dies in der Tabelle so viel wie möglich geschehen.

Die Eisenreaktion bei Gruppe I. 7. muss stets sehr deutlich sein; einzelne Stäubchen bemerkt man bei sehr vielen Mineralien am Magnetstabe, weil Eisen als vikariirender Bestandtheil in einer grossen Anzahl von Mineralien auftritt.

Dimorphe Substanzen und die nur quantitativ verschiedenen Mineralien können nicht durch diese qualitativ chemischen Proben unterschieden werden, man muss physikalische Eigenschaften dabei zu Hülfe nehmen.

Am schwierigsten sind die Silikate zu bestimmen, von denen gewöhnlich eine grosse Anzahl dieselben Eigenschaften hat.

Mineral-Untersuchung durch physikalische Kennzeichen.

Sollen krystallisirte Mineralien untersucht werden, so wird zuerst die Krystallform bestimmt und in der Tabelle das betreffende Krystallsystem aufgeschlagen. Dort findet man die in diesem Systeme krystallisirenden Mineralien angegeben und in zwei Gruppen von metallglänzenden und nicht metallglänzenden Mineralien getrennt. Mit Hülfe der übrigen angegebenen physikalischen Kennzeichen können dann die Mineralien einer solchen Gruppe von einander unterschieden werden. Sollten dieselben aber nicht hinreichen, dann muss eben ein ausführliches Handbuch der Mineralogie oder die Untersuchung mittelst des Löthrohres zu Hülfe genommen werden.

Da manche Mineralien in einigen Fällen Metallglanz besitzen, in andern Fällen dagegen nicht metallischen Glanz zeigen, so mussten dieselben in verschiedenen Gruppen aufgeführt werden, um ihre Bestimmung unter allen Umständen möglich zu machen.

I.

Tafeln

zur

Bestimmung der Mineralien

durch

das Löthrohr.

———

Uebersicht.

I. Das Mineralpulver wird mit der Löthrohrflamme auf der Kohle erhitzt.

1. Es verflüchtigen sich oder verbrennen.
2. Beim Glühen entwickeln Knoblauchgeruch.
    a. Mineralien mit Metallglanz.
    b. Mineralien ohne Metallglanz.
3. Beim Glühen auf Kohle entwickeln Rettiggeruch.
4. Beim Glühen auf Kohle entwickelt sich Antimonrauch.
    a. Mineralien mit Metallglanz.
        α. Mit Soda geben auf Kohle in der Reduktionsflamme ein Bleikorn.
        β. Mit Soda geben auf Kohle in der Reduktionsflamme ein Silberkorn.
        γ. Mit Soda geben in der Reduktionsflamme weder Blei- noch Silberkorn.
    b. Mineralien ohne Metallglanz.
5. Beim Glühen bildet sich ein weisslicher Beschlag auf der Kohle, welcher die Reduk-

tionsflamme grünlich färbt. (das Mineralpulver mit conc. Schwefelsäure erhitzt, färbt dieselbe roth).
- a. Mineralien mit zinnweisser Farbe.
- b. Mineralien mit blei- oder stahlgrauer Farbe.

6. **Nach dem Glühen alkalisch reagirend.**
   - a. In Wasser leicht löslich.
     - α. In der Glasröhre erhitzt geben Wasser.
     - β. In der Glasröhre erhitzt geben kein Wasser.
   - b. In Wasser unlöslich oder sehr schwer löslich.
     - α. Das Mineralpulver braust mit Salzsäure auf.
     - β. Mit Soda zusammengeschmolzen geben Hepar-Reaktion.
     - γ. Keine von beiden Reaktionen trifft ein.

7. **Magnetisches Pulver nach dem Glühen als Rückstand.**
   - a. Mineralien mit Metallglanz.
   - b. Mineralien ohne Metallglanz.

II. Die Substanz wird mit Soda gemengt und auf Kohle in der Reduktionsflamme behandelt.

1. **Die geschmolzene Masse gibt auf Silber die Schwefelreaktion und ausserdem bleibt ein Metallkorn.**
   - a. Mineralien ohne Wassergehalt.
   - b. Mineralien mit Wassergehalt.

2. **Die geschmolzene Masse gibt eine Schwefelreaktion aber kein Metallkorn.**
   - a. Mineralien mit Wassergehalt.
   - b. Wasserfreie Mineralien.

3. Die geschmolzene Masse gibt keine Schwefelreaktion, es bleibt aber ein Metallkorn.
- a. Das Korn ist ein Wismuthkorn.
- b. Das Korn ist ein Bleikorn.
- c. Das Korn ist ein Silberkorn.
- d. Das Korn ist ein Kupferkorn.
- e. Das Korn ist ein anderes Metall.

III. Die Boraxperle wird in der äusseren Flamme amethystroth gefärbt.
1. Mineralien mit Metallglanz,
2. Mineralien ohne Metallglanz.

IV. Das Mineralpulver mit Kobaltsolution geglüht, zeigt eine grüne Farbe.

V. In Salzsäure ohne Rückstand löslich.
1. Vor dem Löthrohre schmelzbar.
   - a. Im Kolben geben Wasser.
   - b. Im Kolben geben kein Wasser.
2. Unschmelzbar vor dem Löthrohre.
   - a. Mineralien mit Wassergehalt.
   - b. Mineralien ohne Wassergehalt.

VI. In Salzsäure zu einer Gallerte löslich.
1. Vor dem Löthrohre schmelzbar.
   - a. Wasser enthaltend.
   - b. Wasser frei.
2. Vor dem Löthrohre unschmelzbar.
   - a. Wasser enthaltend.
   - b. Wasser frei.

VII. In Salzsäure löslich mit Abscheidung von Kieselsäure ohne Gallerte.
    1. Mineralien mit Wassergehalt.
    2. Mineralien ohne Wassergehalt.

VIII. In Salzsäure unlöslich; die Phosphorsalzperle zeigt ein Kieselskelett.
    1. Schmelzbar vor dem Löthrohre.
    2. Unschmelzbar vor dem Löthrohre.

IX. Mineralien, welche in keine der vorhergehenden Abtheilungen gehören.

I. Das Mineralpulver wird mit der Löthrohrflamme auf der Kohle erhitzt.

1. Leicht sich verflüchtigend oder verbrennend:

Gediegen Schwefel. — Gediegen Arsen. — Gediegen Selen. — Gediegen Tellur (Sylvan). — Gediegen Antimon. — Selenschwefel. — Realgar AsS^2. — Auripigment AsS^3. — Arsenblüthe AsO^3. — Antimonblüthe SbO^3. — Sennarmontit SbO^3. — Antimonblende (Roth-Spiessglanzerz) $SbO^3 + 2SbS^3$. — Antimonocker $SbO^5 + xHO$. — Stiblith SbO^3, SbO^5. — Antimonglanz (Grau-Spiessglanzerz) SbS^3. — Salmiak NH^4Cl. — Mascagnin AmO, $SO^3 + 2HO$. — Zinnober (Merkurblende) HgS. — Calomel (Quecksilberhornerz) Hg^2Cl. — Sylvin (Hövelit, Leopoldit) KCl. — Chlorblei (Cotunnit) $PbCl$. — Selenquecksilber (Clausthalit) $HgSe$. — Graphit.

Beim Erhitzen auf der Kohle geben Arsengeruch: Gediegen Arsen. Verflüchtigt sich ohne zu schmelzen; im Glaskolben gibt es ein dunkelgraues metallisches Sublimat; in der Platinpincette färbt es die Flamme bläulich; Metallglanz; zinnweiss, oberflächlich matt oder schwarz angelaufen. — Arsenblüthe. Sublimirt ohne zu schmelzen zu kleinen weissen Krystallen; färbt in der Platinzange die Flamme blau; ist in heissem Wasser löslich; Glasglanz.

Beim Erhitzen auf Kohle geben Geruch nach schwefliger Säure: Schwefel. Verbrennt mit blauer Flamme; schmilzt im Glaskolben und verflüchtigt sich; $H = 1,5$; spröde. — Zinnober. Verflüchtigt sich im Glaskolben und gibt ein schwarzes Sublimat, mit Soda oder Cyankalium geglüht, setzen sich im Kolben Tropfen von Quecksilber ab; roth; $H = 2,5$.

Beim Erhitzen auf Kohle geben Geruch nach Arsen und nach schwefliger Säure: Realgar. Schmilzt im Glaskolben unter

Aufwallen und sublimirt zu durchscheinendem rothen Sublimat; Farbe: roth; wird mit Kali dunkelbraun. — Auripigment. Schmilzt im Glaskolben unter Aufwallen und sublimirt zu dunkelgelbem Sublimat; Farbe: gelb; löst sich in Kali auf.

Beim Erhitzen auf Kohle geben Antimonrauch: Gediegen Antimon. Schmilzt beim Erhitzen zu einer Kugel, die sich beim Erkalten mit weissen Krystallen von Antimonoxyd bedeckt; undurchsichtig; Metallglanz; zinnweiss. — Antimonblüthe. Durchscheinend; Perlmutterglanz; weiss; sublimirt im Glaskolben. — Sennarmontit. Etwas härter, wie Antimonblüthe, hauptsächlich nur durch seine Krystallisation davon zu unterscheiden. — Antimonblende. Schäumt v. d. L. auf Kohle auf und gibt eine Antimonkugel; gibt im Glaskolben Wasser; $H = 1,5$. — Stiblith. Gibt v. d. L. auf Kohle eine Antimonkugel; im Glaskolben kein Wassergehalt; $H = 5,5$.

Beim Erhitzen auf Kohle geben Antimonrauch und Geruch nach schwefliger Säure: Antimonblende. Gibt im Glaskolben zuerst ein weisses und dann ein orangegelbes Sublimat; Diamantglanz; Strich: kirschroth; $H = 1,5$. — Antimonglanz. Schmilzt in der Glasröhre leicht und gibt bei starker Hitze ein braunes Sublimat; Metallglanz; bleigrau; $H = 2$.

Beim Erhitzen auf Kohle geben Rettiggeruch: Gediegen Selen. — Selenquecksilber. Gibt Quecksilbertropfen beim Glühen mit Soda in der Glasröhre.

Beim Erhitzen auf Kohle gibt Rettiggeruch und Geruch nach schwefliger Säure: Selenschwefel.

Gediegen Tellur. — Schmilzt leicht und brennt mit grünlicher Flamme; zinnweiss; Metallglanz. — Salmiak. Verdampft ohne zu schmelzen; in Wasser leicht löslich; mit Kali erwärmt entwickelt sich Ammoniakgeruch. — Mascagnin. Schmilzt und schäumt v. d. L. und verdampft dann; gibt im Glaskolben Wasser; mit Soda Heparreaktion. — Sylvin. Schmilzt und verflüchtigt sich dann, indem die Flamme schwach violett gefärbt wird; in Wasser löslich. — Chlorblei. Gibt auf Kohle einen gelbgrünen Beschlag; mit Soda erhält man ein Bleikorn; in Wasser schwer löslich. — Calomel. Gibt mit Soda in der Glasröhre Tropfen von Quecksilber; Diamantglanz; graulich-weiss; in Wasser unlöslich. — Graphit. Mit Salpeter zusammengeschmolzen verbrennt er zu Kohlensäure; auf Kohle v. d. L. verbrennt er nur langsam und lässt etwas Asche zurück.

2. Beim Glühen entwickeln Knoblauchgeruch:

a. Mineralien mit Metallglanz:

(Gediegen Arsen). — Düfrenoysit $2Cu^2S, AsS^2 + 2CuS, AsS^2$. — (Arsen-Antimon). — Skläroklas $2PbS, AsS^3$. — Fahlerz $4(RS), {Sb \atop As} \{ S^3$. — Polybasit $9(Ag, Ca)S, {Sb \atop As} \{ S^3$. — Speisskobalt. $CoAs^2$. — Arseneisen $FeAs^2$. — Glanzkobalt $CoS^2 + CoAs^2$. — Arsennickel (Kupfernickel) $NiAs$. — Weiss-Arseniknickel (Weissnickelkies) $NiAs^2$. — Nickelglanz $NiS^2 + NiAs^2$. — Arsenikkies (Mispickel) $FeS^2 + FeAs^2$. — Geokronit $5PbS, (Sb, As)S^3$.

Gediegen Arsen und Arsenantimon werden an dieser Stelle nur dann gefunden, wenn man zu grosse Stücke zur Untersuchung angewandt hat oder wenn dieselben nicht rein waren, so dass die vollständige Flüchtigkeit derselben nicht beobachtet wurde.

Mit Salzsäure erwärmt, geben Schwefelwasserstoff: Düfrenoysit. Die Boraxperle gibt die Kupferreaktion; schmilzt leicht v. d. L. und entwickelt dabei Arsengeruch und schweflige Säure, bis ein Kupferkorn bleibt. — Fahlerz. Gibt v. d L. Antimonrauch; die Boraxperle wird manchmal von Kupfer gefärbt; schmilzt mit Aufwallen zu einer Schlacke; manche Fahlerze geben auf Kohle Zinkbeschlag. —

Die Boraxperle wird blau: Glanzkobalt. Schmilzt v. d. L. auf Kohle zu magnetischer Kugel. —

Die Boraxoxydationsperle wird rothbraun: Nickelglanz; decrepitirt v. d. L. —

Die Boraxperle wird in der innern Flamme grün, in der äussern braun: Arsenikkies. Schmilzt v. d. L. zu magnetischer Kugel.

Mit Soda geben auf Kohle ein Bleikorn: Skläroklas. Sehr spröde; $H = 2,5$. - Geokronit. Antimonrauch und Antimonbeschlag; schmilzt leicht v. d. L.; zuweilen schwache Kupferreaktion.

Mit Soda gibt auf Kohle ein Silberkorn: Polybasit. Gibt stets Antimonbeschlag; schmilzt auf Kohle zu dunkelgrauem Metallkorn.

Mit Salzsäure geben kein Schwefelwasserstoff: Speisskobalt. Gibt blaue Boraxperlen; schmilzt v. d. L. zu einer dunkelgrauen magnetischen und sehr spröden Kugel. — Arseneisen. Gibt v. d. L. auf Kohle eine schwarze magnetische Masse;

Strich: graulichschwarz. — **Kupfernickel.** Färbt die Boraxperle in der äussern Flamme braunroth; schmilzt v. d. L. zu magnetischer Kugel; Metallglanz; kupferroth; Strich: bräunlichschwarz. **Weiss-Arsenikniekel.** Aehnlich dem Kupfernickel; schmilzt v. d. L. leicht und glüht nach Entfernung der Flamme lange fort; zinnweiss; Strich: grau.

b. Mineralien ohne Metallglanz.

Köttigit $3(ZnO,CoO,NiO),AsO^5+8HO$. — **Skorodit** FeO,AsO^5+4HO. — **Symplesit** $3FeO,AsO^5+8HO$. — **Eisensinter** $3Fe^2O^3,2\begin{Bmatrix}AsO^5\\SO^3\end{Bmatrix}+15HO$. **Würfelerz** $3FeO,AsO^5+3Fe^2O^3,2AsO^5+18HO$. — **Pharmakolith** $2CuO,AsO^5+6HO$. — **Chondroarsenit** $(5MnO,AsO^5)+5HO$. — **Kobaltblüthe** $3CoO,AsO^5+8HO$. — **Nickelblüthe** $3NiO,AsO^5+8HO$. — **Rothgültigerz** $3AgS+\begin{Bmatrix}Sb\\As\end{Bmatrix}S^3$. — **Erinit** $5CuO,AsO^5+2HO$. — **Chalkophyllit** $(3CuO,AsO^5+9HO)+3(CuO,HO)$. — **Lirokonit** $2CuO,AsO^5+2Al^2O^3,AsO^5+32HO$. **Euchroit** $(3CuO,AsO^5+6HO)+CuO,HO$. — **Olivenit** $3CuO,\begin{Bmatrix}As\\P\end{Bmatrix}\{O^5++CuO,HO$. — **Kupferschaum** $(5CuO,AsO^5+10HO)+CaO,CO^2$.

Die Boraxperle gibt die Kupferreaction, oder mit Salzsäure färben die Flamme blau: **Erinit.** Gibt v. d. L. auf Kohle eine Kupferkugel, umgeben von einer spröden Kruste; gibt im Kolben Wasser; $H = 4,5—5$; an den Kanten durchscheinend; auf den Bruchflächen Fettglanz. — **Chalkophyllit.** Decrepitirt heftig v. d. L. und schmilzt zu spröder Metallkugel; smaragdgrün; $H = 2$; Strich: hellgrün. — **Kupferschaum.** Verknistert v. d. L., wird schwarz und schmilzt zu stahlgrauer Perle, auf Kohle zu Schlacke; $H = 1—1,5$; apfelgrün; Strich: spangrün; braust mit Säuren auf. — **Euchroit.** Wird v. d. L. auf Kohle zu weissem Arsenikkupfer, dann zu Kupferkorn reduzirt; $H = 3,5$; durchscheinend; Glasglanz. — **Lirokonit.** Verknistert nicht v. d. L.; fliesst unter Aufwallen auf der Kohle zu brauner Schlacke; schwach erhitzt, wird er smalteblau. — **Olivenit.** Schmilzt in der Pincette v. d. L. und krystallisirt beim Abkühlen als schwarze strahlige Masse; gibt im Kolben wenig Wasser, auf Kohle v. d. L. braune Schlacke; Strich: olivengrün bis braun.

Köttigit. Gibt v. d. L. auf Kohle einen Beschlag von Zinkoxyd; mit Kobaltsolution erhält man eine grüne Färbung.

Kobaltblüthe. Gibt eine blaue Boraxperle; Farbe: pfirsischblüthroth.

Nickelblüthe. Gibt in der äussern Flamme eine braunrothe Boraxperle; Farbe: zeisiggrün.

Rothgültigerz. Gibt mit Soda auf Kohle ein Silberkorn; v. d. L. entwickelt sich meist Antimonrauch.

Chondroarsenit. Färbt die Boraxperle in der äusseren Flamme violett.

Auf Kohle v. d. L. werden magnetisch: Skorodit. Schmilzt leicht v. d. L. und bildet Schlacke; $H = 3,5—4$; Strich: grünlich weiss. — Symplesit. Schmilzt nicht; $H - 5$; Strich: blass indigblau bis weiss. — Eisensinter. Schmilzt v. d. L.; wird im Wasser roth, durchsichtig und zerfällt; $H = 2,5$; Strich: gelb. — Würfelerz. Schmilzt v. d. L.; gibt im Kolben Wasser, wird roth und bläht sich auf; Strich: gelb.

Pharmakolith. Schmilzt v. d. L. auf Kohle zu einer undurchsichtigen Perle; die Boraxperle wird meist etwas blau von Kobalt; färbt die Flamme schwach gelbroth.

3. Beim Glühen auf Kohle entwickeln Rettiggeruch:

Selenblei $PbSe$. — Selenkupfer Cu^2Se. — Selenquecksilber $HgSe$. — Selensilber $AgSe$. — Selenbleikupfer $CuSe + PbSe$.

Selenblei. Gibt, mit Soda auf Kohle zusammengeschmolzen, ein Bleikorn; zerknistert v. d. L.; raucht auf der Kohle v. d. L. und beschlägt dieselbe mit rothem, gelbem und weissem Anflug. — Selenkupfer. Färbt die Boraxperle in der äussern Flamme blaugrün, in der innern leberbraun; fliesst auf Kohle v. d. L. zu einer grauen geschmeidigen Kugel. — Selenquecksilber. Mit Soda im Glaskolben erhitzt, gibt es Quecksilbertropfen; spröde; $H = 2,5$. — Selensilber. Mit Soda auf Kohle zusammengeschmolzen, erhält man ein Silberkorn; auf Kohle schmilzt es v. d. L. in der äusseren Flamme ruhig, in der inneren mit Schäumen und glüht während des Erstarrens wieder auf. — Selenbleikupfer. Schmilzt sehr leicht v. d. L., fliesst auf Kohle und bildet eine graue metallartig glänzende Masse; die Boraxperle wird von Kupfer gefärbt; beim Zusammenschmelzen mit Soda erhält man auf Kohle ein Bleikorn.

4. Beim Glühen auf Kohle entwickelt sich Antimonrauch:

a. Mineralien mit Metallglanz:

α. Mit Soda geben auf Kohle in der Reduktionsflamme ein Bleikorn:

Zinkenit PbS,SbS^3. — Jamsonit $3PbS,2SbS^3$. — Plagionit $4PbS+3SbS^3$. — Geokronit $5PbS,SbS^3$. — Bournonit $3Cu\,S,SbS^3+2(3PbS,SbS^3)$. — Fahlerz $4(Cu,Ag,Pb\ etc.)S,SbS^3$. — Schilfglaserz $3(Ag,Pb)S,SbS^3$. — Kobellit $3(4PbS+FeS)+(4BiS^3+SbS^3)$.

Eine Kupferreaktion erhält man von: Bournonit. Gibt beim Erhitzen im Glaskolben einen Schwefelbeschlag; schmilzt auf Kohle v. d. L. leicht und bildet eine schlackige Masse; spröde; $H=2,5$; Strich: dunkelgrau. — Fahlerz. Verknistert v. d. L.; schmilzt leicht auf Kohle unter Aufwallen zu grauer Schlacke; $H=3$—4.
    Zinkenit. Decrepitirt v. d. L. und schmilzt leicht; $H=3,5$
    Plagionit. Spröde; decrepitirt v. d. L.; $H-2,5$. — Jamsonit, Boulangerit, Geokronit, Kilbrikenit sind nur quantitativ davon verschieden.
    Kobellit. Färbt die Boraxperle in der äussern Flamme braun; das Bleikorn ist spröde, weil es wismuthhaltig ist.
    Schilfglaserz. Das Bleikorn ist silberhaltig, der Silbergehalt wird am leichtesten auf nassem Wege nachgewiesen.

β. Mit Soda geben auf Kohle in der Reduktionsflamme ein Silberkorn:

Antimonsilber (Spiessglanz-Silber) Ag^2Sb. — Myargirit AgS,SbS^3. — Fahlerz. — Melanglanz (Sprödglaserz) $6AgS,SbS^3$. — Rothgültigerz $3AgS,SbS^3$ (Silberblende). — Polybasit $9(Ag,Cu\ etc.)S,SbS^3$.

Beim Erhitzen v. d. L. riechen nach schwefliger Säure: Polybasit. Die Boraxperle gibt die Kupferfarbe; decrepitirt und schmilzt leicht v. d. L.; $H=2,5$; spec. Gew. 6,5. — Fahlerz. Die Boraxperle gibt die Kupferreaktion; verknistert v. d. L. und schmilzt leicht; geringer Silbergehalt; gewöhnlich noch Zink und Eisen enthaltend; $H=3$—4; spez. Gew. 4,5. — Myargirit. $H=2,5$; milde; eisenschwarz bis stahlgrau; Strich: hellroth. — Sprödglaserz. $H=2,5$; schwarz; Strich: unverändert.
    Antimonsilber. Entwickelt beim Erhitzen keine schweflige Säure; schmilzt leicht v. d. L.

γ. Mit Soda geben in der Reduktionsflamme weder Blei- noch Silberkorn:

Gediegen Antimon. — Nickelantimonglanz (Ullmannit) NiS^2 $+NiSb$. — Antimonglanz SbS^3. — Antimonnickel Ni^2Sb. — Kupferantimonglanz Cu^2S+SbS^3.

Bei anhaltendem Blasen verflüchtigen sich vollständig: Gediegen Antimon; Antimonglanz (siehe I. 1.).
Die Heparreaktion geben: Nickelantimonglanz. Die Boraxperle wird in der äussern Flamme braunroth; $H=5$; spröde; Strich: grau. — Kupferantimonglanz. Gibt die Kupferreaktionen; decrepitirt v. d. L. und schmilzt leicht; $H=3,5$; Farbe: bleigrau bis eisenschwarz; Strich: schwarz.
Antimonnickel. Gibt keine Heparreaktion; die Boraxperle wird von Nickel gefärbt; sehr schwer schmelzbar; $H=5$; Strich: rothbraun.

b. Mineralien ohne Metallglanz.

Stiblith SbO^3, SbO^5. — Antimonocker SbO^5+xHO. — Antimonblende $SbO^3, 2SbS^3$. — Heteromophit $2PbS, SbS^3$. — Boulangerit $3PbS, SbS^3$. — Rothgültigerz $3AgS, SbS^3$. — Romeit $4CaO, 5SbO^5$.

Die Heparreaktion geben: Antimonblende. Leicht schmelzbar v. d. L. und färbt die Flamme blassgrün; $H=1,5$; Diamantglanz; kirsch- bis braunroth; Strich: roth bis braun. — Heteromorphit. Gibt, mit Soda auf Kohle zusammengeschmolzen, ein Bleikorn; schmilzt leicht v. d. L.; $H=2$; grau; Strich: dunkelgrau und metallglänzend. — Boulangerit. Gibt, mit Soda auf Kohle zusammengeschmolzen, ein Bleikorn; $H=3$. — Rothgültigerz. Gibt mit Soda in der Reduktionsflamme ein Silberkorn; verknistert v. d. L. und schmilzt zu einer schwarzen Kugel; Strich: roth
Stiblith. Bildet auf Kohle einen weissen Beschlag, ohne sich zu reduziren; lässt sich mit Soda zu einem Korn von Antimon reduziren; gelb; $H=5,5$.
Antimonocker. Wird auf Kohle v. d. L. unter Schäumen reduzirt; gibt im Kolben Wasser; gelb; $H=1$.
Romeit. Schmilzt v. d. L. zu einer schwärzlichen Schlacke; mit Soda erhält man im Reduktionsfeuer eine Antimonkugel; hyazinthroth bis honiggelb; $H=6-7$.

5. Beim Glühen bildet sich ein weisslicher Beschlag auf der Kohle, welcher die Reduktionsflamme grünlich färbt. (Das Mineralpulver mit conc. Schwefelsäure erhitzt, färbt dieselbe roth.)

a. Mineralien mit zinnweisser Farbe:

Gediegen Tellur. — Tellursilber AgTe. — Tellurblei (Altait) PbTe.

Gediegen Tellur. Schmilzt leicht v. d. L. und riecht gewöhnlich etwas nach Selen; verflüchtigt sich fast vollständig; $H = 2$.

Tellursilber. Gibt mit Soda im Reduktionsfeuer ein Bleikorn; $H = 2{,}5$; geschmeidig.

Tellurblei. Gibt mit Soda im Reduktionsfeuer ein Bleikorn; schmilzt v. d. L. auf Kohle und gibt einen gelben Beschlag.

b. Mineralien mit blei- oder stahlgrauer Farbe:

Tetradymit (Tellurwismuth) $BiS^3 + 2BiTe^3$. — Sylvanit (Schrifterz) $(Au,Ag)Te^2$. — Blättererz (Nagyagit) PbTe (mit PbS und $AuTe^2$).

Die Heparreaktion geben: Tetradymit. Gibt mit Soda in der Reduktionsflamme ein sprödes Wismuthkorn; riecht gewöhnlich nach Selen; Strich: schwarz.   Blättererz. Gibt mit Soda in der Reduktionsflamme ein geschmeidiges Metallkorn von Blei; Strich: bleigrau.

Sylvanit. Gibt keine Heparreaktion; schmilzt v. d. L. zu einem grauen Metallkorn, bei langem Blasen erhält man auf der Kohle ein gelbliches geschmeidiges Korn.

6. Nach dem Glühen alkalisch reagirend:

a. In Wasser leicht löslich:

α. In der Glasröhre erhitzt, geben Wasser:

Glaubersalz (Mirabilit) $NaO,SO^3 + 10HO$ — Thermonatrit $NaO,CO^2 + HO$. — Soda $NaO,CO^2 + 10HO$. — Trona $2NaO,3CO^2 + 4HO$. — Bittersalz (Epsomit) $MgO,SO^3 + 7HO$. — Kali-Alaun $KO,SO^3 + Al^2O^3,3SO^3 + 24HO$. — Natron-Alaun $NaO,SO^3 +$

$Al^2O^3,3SO^3+24HO$. — Ammoniak-Alaun $AmO,SO^3+Al^2O^3,3SO^3+24HO$. — Tinkal $NaO,2BO^3+10HO$. — Löweit $2(MgO,SO^3+NaO,SO^3)+5HO$. — Carnallit $KCl+MgCl+12HO$. — Boussingaultit $(Am,Mg,Fe)O,SO^3+HO$.

Mit Salzsäure befeuchtet, brausen auf: Trona. $H=2,5$; spec. Gew. 1,4; schmilzt im Glaskolben und gibt viel Wasser. — Soda. $H=1-1,5$; spec. Gew. 1,4; schmilzt im Kolben und gibt viel Wasser; verwittert rasch an der Luft. — Thermonatrit. Schmilzt nicht und gibt weniger Wasser.

Mit Soda geben Heparreaktion: Die Alaune geben, stark geglüht, mit Kobaltsolution eine blaue Farbe. Kalialaun $H=2,5$; schmilzt v. d. L. und schwillt auf; färbt die Flamme sehr schwach violett. — Natron-Alaun. $H=2,5$; schmilzt v. d. L. unter Aufschwellen; gibt, besonders mit Salzsäure befeuchtet, gelbe Flammenfärbung. — Ammoniak-Alaun. Riecht, mit Kali erhitzt, nach Ammoniak; schmilzt v d. L. und schwillt auf. — Bittersalz. Nach dem Glühen zeigt sich dann mit Kobaltsolution eine fleischrothe Farbe; $H=2-2,5$; schmilzt v. d. L. und schwillt auf. — Glaubersalz. Kobaltsolution ohne Wirkung; $H=1,5$; schmilzt sehr leicht und wird von der Kohle aufgesaugt; färbt die Flamme gelb. — Löweit. $H=2,5-3$; kleine Stücke, in der Glasröhre erhitzt, zerspringen, verlieren ihr Wasser und schmelzen dann ruhig. — Boussingaultit. Gibt mit Kali Ammoniakgeruch; enthält wenig Wasser.

Tinkal. Bläht sich v. d. L. auf und schmilzt dann; färbt die Flamme kurze Zeit grün; Fettglanz. — Carnallit. Sehr leicht zerfliesslich; färbt die Flamme schwach violett; $H=2-2,5$; gibt ein schwaches weisses Sublimat auf Kohle.

β. In der Glasröhre geben kein Wasser:

Kalisalpeter KO,NO^5. — Natronsalpeter NaO,NO^5. — Kalksalpeter CaO,NO^5. — Glaserit KO,SO^3. — Thenardit NaO,SO^3. — Steinsalz $NaCl$.

Auf der Kohle erhitzt verpuffen: Kalisalpeter. Färbt die Flamme violett. — Natronsalpeter. Färbt die Flamme gelb. — Kalksalpeter. Färbt die Flamme gelbroth und verpufft nur schwach.

Mit Soda geben Heparreaktion. Glaserit. Decrepitirt und schmilzt v. d. L.; gibt schwache Kalireaktion in der Flamme. — Thenardit. Schmilzt in hoher Temperatur und färbt dann die Flamme gelb.

Steinsalz: Geschmack auffallend salzig; schmilzt leicht und färbt die Flamme gelb; $H = 2$.

b. In Wasser unlöslich.

α. Das Mineralpulver, mit Salzsäure befeuchtet, braust auf:

Witherit BaO,CO^2. — Kalkspath CaO,CO^2. — Arragonit CaO,CO^2. — Strontianit SrO,CO^2. — Gaylüssit $CaO,CO^2 + NaO,CO^2 + 5HO$. — Dolomit (Bitterspath) $CaO,CO^2 + MgO,CO^2$. — Magnesit MgO,CO^2. — Barytocalcit $BaO,CO^2 + CaO,CO^2$. — Alstonit $BaO,CO^2 + CaO,CO^2$. — Nemalith $6MgO,CO^2 + 6HO$. — Hydromagnesit $4MgO,3CO^2 + 4HO$.

Im Glaskolben erhitzt, geben Wasser: Gaylüssit. Färbt die Flamme gelb; spröde; decrepitirt; schmilzt zu einer trüben Perle. — Hydromagnesit. Gibt keine Flammenreaktion; schmilzt nicht; gibt mit Kobaltsolution eine fleischrothe Masse; $H = 3$; matt. — Nemalith. Gibt keine Flammenreaktion; unschmelzbar; wird mit Kobaltsolution fleischroth; $H = 2$; Seidenglanz.

Mit Salzsäure befeuchtet, färben die Flamme grün: Witherit. Schmilzt leicht zu einer weissen emailartigen Perle. — Barytocalcit. Färbt die Flamme gelbgrün; wird v. d. L. weiss und trübe und überzieht sich dann mit grünlichem Glase. — Alstonit. Verhält sich wie Barytocalcit, aber die meisten Vorkommen geben ausserdem auf kurze Zeit eine rothe Flamme von Strontian.

Mit Salzsäure befeuchtet, färbt die Flamme schön roth: Strontianit.

Mit Salzsäure befeuchtet, färben die Flammen gelbroth: Kalkspath. $H = 3$; v. d. L. leuchtend aber unschmelzbar. — Arragonit. $H = 3{,}5 - 4$; wird v. d. L. weiss und ist unschmelzbar; schwillt. im Kolben erhitzt, an und zerfällt dann zu lockerem Pulver. — Dolomit. $H = 3{,}5$; grössere Stücke brausen, beim Benetzen mit Salzsäure, nur langsam auf; das Pulver, auf Platinblech erhitzt, bleibt locker, während kohlensaurer Kalk zusammenbackt.

Magnesit. Gibt keine Flammenreaktion; $H = 4 - 4{,}5$; unschmelzbar; wird mit Kobaltsolution fleischroth.

β. Mit Soda zusammengeschmolzen, geben Heparreaktion:

Anhydrit (Karstenit) CaO,SO^3. — Gyps $CaO,SO^3 + 2HO$ — Schwerspath BaO,SO^3. — Cölestin SrO,SO^3. — Polyhallit KO,SO^3

$+ MgO,SO^3 + 2(CaO,SO^3) + 2HO$. — Brognartin $CaO,SO^3 + NaO,SO^3$. — Alunit $KO,SO^3 + 3(Al^2O^3SO^3) + 6HO$. — Kieserit $MgO,SO^3 + 3HO$. — Aluminit $Al^2O^3,SO^3 + 9HO$. — Keramohallit $Al^2O^3,3SO^3 + 18HO$.

In dem Glaskolben erhitzt, geben Wasser: Gyps. Wird v. d. L. trüb und weiss, blättert sich v. d. L. unter Knistern auf und zerfliesst dann zu weissem Email; $H = 2$; gibt im Glaskolben viel Wasser. — Polyhallit. Gibt wenig Wasser; schmilzt v. d. L. sehr leicht zu braunrother Perle; löst sich in Wasser mit kleinem Rückstand; $H = 3,5$. — Aluminit. Unschmelzbar; zerreiblich. — Keramohallit. Bläht sich v. d. L. auf und ist dann unschmelzbar; $H = 2$. — Kieserit. In Wasser langsam löslich.

Auf Kohle, geglüht und mit Salzsäure befeuchtet färbt die Flamme intensiv roth: Coelestin. Verknistert und schmilzt zu Email.

Auf Kohle geglüht und mit Salzsäure befeuchtet, färbt die Flamme grün: Schwerspath. Decrepitirt heftig und schmilzt schwer zu Email.

Auf Kohle geglüht und mit Salzsäure befeuchtet, färbt die Flamme gelbroth: Anhydrit. Knistert schwach und schmilzt zu weissem Email.

Auf Kohle geglüht und mit Salzsäure befeuchtet, färbt die Flamme gelb: Brognartin. Schmeckt schwach salzig; löst sich theilweise in Wasser; zerknistert v. d. L.

γ. Keine von beiden Reaktionen trifft ein:

Borocalcit $CaO,2BO^3 + 6HO$. — Pharmakolith $2CaO,AsO^5 + 6HO$. — Haidingerit $2CaO,AsO^5 + 4HO$. — Brucit MgO,HO. — Boracit (Stassfurthit) $2(3MgO,4BO^3) + MgCl$. — Flussspath $CaFl$. — Kryolith $3NaFl + Al^2Fl^3$. — Chiolith $3NaFl + 2Al^2Fl^3$. — Natrolith $NaO,2HO + Al^2O^3,3SiO^2$. — Spinell MgO,Al^2O^3.

Die Flamme wird von Borsäure schwach grün gefärbt: Borocalcit. Nachdem die Borsäure verflüchtigt ist, wird die Flamme von Kalk gelbroth gefärbt; gibt im Glaskolben Wasser. — Boracit. Schmilzt v. d. L. unter Aufschäumen zu einer Perle, auf deren Oberfläche sich beim Erkalten krystallinische Massen bilden; $H = 7$.

Auf Kohle geben Knoblauchgeruch: Pharmakolith. Schmilzt v. d. L. zu weissem Email. — Haidingerit. Wie Pharmakolith;

gibt etwas weniger Wasser; Pharmakolith wird gewöhnlich durch Kobalt gefärbt und gibt die entsprechende Boraxperle.

Brucit. Unschmelzbar v. d. L., wird weiss und undurchsichtig; Perlmutterglanz; H = 1,5; wird mit Kobaltsolution fleischroth. — Spinell. H = 8; das Pulver wird durch Kobaltsolution blau.

Mit Schwefelsäure geben Flusssäure: Kryolith. Decrepitirt schwach; schmilzt auf der Kohle v. d. L. zu einer klaren Kugel, die nach dem Erkalten ein weisses Email bildet; färbt die Flamme gelb; H = 2,5. — Chiolith. Dieselben Reaktionen wie Kryolith; H = 4 — Flussspath. Knistert v. d. L. und schmilzt zu einer undurchsichtigen Perle; färbt die Flamme roth; H = 4. — Natrolith. Gibt in der Phosphorsalzperle ein Kieselskelett; wird in Stücken erhitzt undurchsichtig und in höherer Temperatur wieder klar; H = 5,5.

7. Magnetisches Pulver nach dem Glühen als Rückstand:

a. Mineralien mit Metallglanz:

Eisenglanz (Hämatit) Fe^2O^3. — Magneteisen FeO, Fe^2O^3. — Titaneisen (Ilmenit). — Brauneisenstein $Fe^2O^3, 3HO$. — Chromeisenstein FeO, Cr^2O^3. — Wolframit $(Fe,O,MnO), WoO^3$. — Franklinit $(Fe,O,MnO,ZnO)(Fe^2O^3, Mn^2O^3)$.

Brauneisenstein (brauner Glaskopf). Gibt im Kolben Wasser; dunkelbraun; H = 5,5; Strich: gelblichbraun.

Eisenglanz. Wasserfrei; unschmelzbar; H = 6; Strich: roth.

Magneteisen. Wirkt schon vor dem Glühen auf den Magnet; H = 6; Strich: schwarz.

Chromeisen. Färbt die Boraxperle grün; H = 5,5; Strich: braun.

Titaneisen. Die Phosphorsalz-Reduktionsperle wird violett; Strich: schwarz.

Wolframit. Die Phosphorsalz-Reduktionsperle wird blutroth; mit Salpeter und Soda auf Platinblech zusammengeschmolzen gibt es eine grüne Farbe; Strich: röthlichbraun bis schwarz.

Franklinit. Gibt v. d. L. auf Kohle Zinkbeschlag; Mangan-Reaktion; Strich: röthlichbraun.

b. Mineralien ohne Metallglanz.

Eisenspath (Sphärosiderit) FeO, CO^2. — Brauneisenstein (Gelbeisenstein) $Fe^2O^3, 3HO$. — Nadeleisenstein (Göthit, Stilpnosiderit, Lepidokrokit) Fe^2O^3,HO. — Rotheisenstein (Eisenocker) Fe^2O^3. — Botryogen $3FeO,2SO^3+3Fe^2O^3,2SO^3+36HO$. Voltait $(FeO,KO)SO^3+2(Fe^2O^3,3SO^3)+12HO$. — Copiapit $2(Fe^2O^3,2SO^3)+21HO$. — Misy $2Fe^2O^3,5SO^3+6HO$. — Nontronit $Fe^2O^3,2SiO^2+3HO$. — Coquimbit $Fe^2O^3,3SO^3+9HO$.

Im Kolben geben Wasser: Brauneisenstein. $H=5,5$; Diamantglanz oder Glasglanz; Strich: gelblichbraun. — Nadeleisenerz. Gibt weniger Wasser, wie Brauneisenstein; $H=4,5$; spröde; in dünnen Blättchen durchscheinend; Strich: gelblichbraun. — Botryogen. Bläht sich v. d. L. auf; Heparreaktion; durchscheinend; Glasglanz; Strich: ockergelb. — Voltait. Bildet v. d. L. eine erdige Masse; Heparreaktion; schwer löslich in Wasser; Strich: graulichgrün; undurchsichtig und schwarz. — Coquimbit. Gibt Heparreaktion; weiss, blau und grün; Strich: weiss. — Copiapit. Heparreaktion; durchscheinend; perlmutterglänzend; gelb. — Misy. Gleich dem Copiapit, nur geringerer Wassergehalt. — Nontronit. Keine Heparreaktion; die Phosphorsalzperle gibt Kieselskelett; matt strohgelb; fett anzufühlen; wird v. d. L. röthlich.

II. Die Substanz wird mit Soda gemengt und auf der Kohle in der Reduktionsflamme behandelt.

1. Die geschmolzene Masse gibt auf Silber die Schwefelreaktion und ausserdem bleibt ein Metallkorn:

a. Mineralien ohne Wassergehalt:

Wismuthglanz BiS^3. — Tetradymit $BiS^3+2BiTe^3$. — Bleiglanz (Galena) PbS. — Bleivitriol PbO,SO^3. — Bismuthit BiO^3,CO^2+BiO^3,SO^3. — Leadhillit $PbO,SO^3+3(PbO,CO^2)$. — Larnakit PbO,SO^3+PbO,CO^2. — Nadelerz $3Cu^2S,BiS^3+2(3PbS,BiS^3)$. — Schwefelnickel (Millerit, Haarkies) NiS. — Kobaltkies Co^2S^3. — Silberglanz (Argentit) AgS. — Cuproblumbit $2PbS+Cu^2S$. — Silberkupferglanz Cu^2S+AgS. — Zinkkies $2FeS,SnS^2+2Cu^2S,SnS^2$. — Kupferglanz Cu^2S. — Kupferindig (Covellit) CuS. — Buntkupfererz $3Cu^2S,Fe^2S^3$. — Kupferkies (Chalkopyrit) Cu^2S, Fe^2S^3. — Eisennickelkies $NiS+2FeS$. — Carmenit Cu^2S+CuS. — Rahtit Cu^2S+ZnS.

Das mit Soda erhaltene Korn ist ein Wismuthkorn: Bismuthit. Braust mit Salzsäure auf; $H = 3,5$; Glasglanz oder matt; grünlich oder gelblich; Strich: weiss. — Tetradymit. Gibt die Tellurreaktion; riecht gewöhnlich nach Selen; Metallglanz; silberweiss; Strich: schwarz; $H = 1,5$. — Wismuthglanz. Schmilzt leicht v. d. L. unter Kochen und Spritzen; $H = 2,5$; Metallglanz; stahlgrau oder messinggelb; Strich: unverändert. — Nadelerz. Gibt die Kupferreaktion; $H = 2,5$; Metallglanz; stahlgrau; Strich: dunkelgrau.
Das mit Soda erhaltene Korn ist ein Bleikorn: Bleiglanz. Decrepitirt im Glaskolben und gibt ein Sublimat von Schwefel; Metallglanz; bleigrau; $H = 2$; Strich: dunkelgrau. — Bleivitriol. Decrepitirt v. d. L.; Diamant- bis Fettglanz; $H = 3$; weiss, grau, bräunlich; Strich: grau. — Leadhillit. Schwillt v. d. L. an und färbt sich gelb, wird beim Erkalten aber wieder weiss; reduzirt sich leicht zu Blei; braust mit Salzsäure; $H = 2,5$; durchscheinend; gelblich; Strich: weiss. — Lanarkit. Schmilzt v. d. L. zu einer weissen Kugel; braust mit Salzsäure nicht stark; $H = 2$; durchsichtig; grünlichweiss; Strich: weiss. — Cuproblumbit. Gibt Kupferreaktion; das Korn ist nicht so dehnbar, wie andere Bleikörner; schmilzt v. d L. unter Aufwallen; bleigrau; Strich: schwarz.
Das mit Soda erhaltene Korn ist ein Nickelkorn: Schwefelnickel. Sintert v. d. L. zusammen und ist magnetisch; Metallglanz; speisgelb. — Eisennickelkies. Gibt deutliche Eisenreaktion; $H = 4$; Metallglanz; tombackbraun.
Das mit Soda erhaltene Korn ist ein Kupferkorn: Kupferglanz: Schmilzt v. d. L. auf Kohle zu einer Kugel, welche stark spritzt; in der innern Flamme umgibt er sich mit einer Rinde und schmilzt nicht; $H = 2,5-3$; Metallglanz: Strich: schwarz. — Kupferindig. Wie Kupferglanz; $H = 1,5$; Fettglanz. — Buntkupfererz. Schmilzt v. d. L. zu stahlgrauem magnetischem Korn; kupferroth oder bunt; gibt Eisenreaktion; Strich: schwarz. — Kupferkies. Verknistert v. d. L. und zerfliesst dann zu einer grauen magnetischen Masse; Metallglanz; messinggelb: Strich: grünlichschwarz; gibt Eisenreaktion. — Carmenit. Leicht schmelzbar v. d. L.; Metallglanz; stahlgrau; Strich: glänzend. — Rahtit. Schmilzt v. d. L. unter Aufschäumen; gibt auf Kohle Beschlag von Zink; bleigrau; Strich: röthlichbraun. — Silberkupferglanz. Schmilzt v. d. L. auf Kohle leicht zu einer grauen metallglänzenden Kugel; das Silber entdeckt man am leichtesten auf nassem Wege; Metallglanz; bleigrau; Strich: unver-

ändert. — Zinkkies. Schmilzt v. d. L. zu einem spröden grauen Korn; gibt Eisenreaktion; mit Soda auf Kohle zusammengeschmolzen erhält man Flitter von Zinn; $H = 4,5$; Metallglanz; stahlgrau bis messinggelb; Strich: schwarz. — Die Schwefelverbindungen des Kupfers geben erst nach dem Rösten mit Soda ein deutliches Kupferkorn.

Das mit Soda erhaltene Korn ist ein Silberkorn: Silberglanz. Schmilzt v. d. L. unter Schäumen; $H = 2,5$; Strich: glänzend.

Kobaltkies. Färbt die Boraxperle blau; schmilzt v. d. L.; $H = 5,5$; zinnweiss.

b. Mineralien mit Wassergehalt:

Linarit $PbO,SO^3 + CuO,HO$. — Kobaltvitriol $CoO,SO^3 + 7HO$. — Kupfervitriol $CuO,SO^3 + 5HO$. — Brochantit $CuO,SO^3 + 3(CuO,HO)$. — Langit $4CuO,SO^3 + 4HO$. — Marcylit $(CuO—SO^3—CuS—HO—FeS—)$.

Eine Kupferreaktion geben: Linarit. Gibt auf Kohle v. d. L. einen gelben Beschlag; schmilzt leicht: Diamantglanz; lasurblau; Strich: hellblau. — Kupfervitriol. Wird weiss v. d. L., bläht sich auf, schmilzt dann und wird schwarz; Glasglanz; himmelblau; Strich: blauweiss. — Brochantit. Schmilzt v. d. L; Glasglanz; durchscheinend; grün; Strich: grün. — Langit. Unterscheidet sich von Brochantit nur durch grösseren Wassergehalt. — Marcylit. Entwickelt mit Salzsäure Schwefelwasserstoff; gibt Eisenreaktion; schmilzt v. d. L.; schwarz.

Kobaltvitriol. Färbt die Boraxperle blau; seiden- oder glasglänzend; rosenroth; Strich: röthlichweiss.

2. Die geschmolzene Masse gibt eine Schwefel-Reaktion, aber kein Metallkorn:

a. Mineralien mit Wassergehalt:

Aluminit $Al^2O^3,SO^3 + 9HO$. — Keramohallit $Al^2O^3,3SO^3 + 18HO$. — Johannit $U^2O^3,SO^3 + xHO$. — Zinkvitriol $ZnO,SO^3 + 7HO$. — Pissophan $2(Al^2O^3,Fe^2O^3)SO^3 + 15HO$. — Kakoxen $(Fe^2O^3 — Al^2O^3 — SO^3 — PO^5 — HO)$. —

Mit Kobaltsolution geglüht, werden blau: Aluminit. Unschmelzbar v. d. L.; $H = 5$. — Keramohallit. Bläht sich v. d.

L. auf und ist dann unschmelzbar; in Wasser leicht löslich; $H = 2$. — Pissophan. Die blaue Farbe ist undeutlich; die Boraxperle wird von Eisen gefärbt; wird schwarz v. d. L.

Mit Kobaltsolution geglüht, wird grün: Zinkvitriol. Auf Kohle v. d. L. weisser, in der Hitze gelber, Beschlag; bläht sich v. d. L. auf und gibt eine unschmelzbare weisse Masse.

Johannit. Wird v. d. L. zu einer schwarzen zerreiblichen Masse; färbt die Boraxperle grün; grasgrün; Strich: blassgrün.

Kakoxen. Knistert und zerspringt v. d. L.; in der Oxydationsflamme erhält man eine schlackige magnetische Masse; Boraxperle wird von Eisen gefärbt; gelb; Strich: gelb.

b. Wasserfreie Mineralien:

Magnetkies (Leberkies) $Fe^2S^3 + 5FeS$. — Eisenkies (Schwefelkies. Pyrit) FeS^2. — Strahlkies (Wasserkies. Markasit) FeS^2. — Manganglanz MnS. — Hauerit MnS^2. — Zinkblende ZnS. — Greenokit CdS. — Molybdänglanz (Wasserblei) MoS^2. — Christophit $5ZnS + 3FeS$. — Kupferkies $Cu^2S + Fe^2S^3$. — Buntkupfererz $3Cu^2S + Fe^2S^3$. — Kupferglanz Cu^2S. — Kupferindig CuS. — Carmenit $Cu^2S + CuS$. — Rahtit $Cu^2S + ZnS$. — Zinkkies $2FeS,SnS^2 + 2Cu^2S,SnS^2$.

Die Boraxperle wird von Eisen gefärbt: Eisenkies. Schmilzt v. d. L. in der innern Flamme zu einer schwarzen magnetischen Kugel; $H = 6—6,5$; speisgelb; Strich: grau. — Strahlkies. Riecht beim Erwärmen schon in der Lichtflamme nach Schwefel; v. d. L. wie Eisenkies; $H = 6—6,5$; grünlich speisgelb; Strich: grünlichschwarz. — Magnetkies. Schon vor dem Glühen magnetisch; schmilzt v. d. L. zu einer schwärzlich magnetischen Masse; $H = 3,5—4$; broncegelb; Strich: grauschwarz.

Die Borax-Oxydationsperle wird violett gefärbt: Manganglanz. Schmilzt v. d. L. nur an den Kanten zu brauner Schlacke; $H = 3,5$; schwarz oder braun; Strich: grün. — Hauerit. Im Glaskolben erhält man ein Sublimat von Schwefel, und einen grünen Rückstand; $H = 4$; braunroth; Strich: braunroth.

Auf Kohle v. d. L. geben einen weissen, in der Hitze gelben, Beschlag: Zinkblende. Verknistert v. d. L.; schmilzt nicht; $H = 3,5$; Strich: gelblichweiss bis braun. — Christophit. Eisenreaktion; $H = 5$; sammtschwarz; Strich: schwärzlichbraun.

Greenokit. Gibt auf Kohle v. d. L. einen braunen Beschlag; Strich: pomeranzengelb bis ziegelroth.

Molybdänglanz. Die Phosphorsalzperle wird in der Reduktionsflamme grün; im Glaskolben erhitzt, wird der Molybdänglanz braun; v. d. L. ist er unschmelzbar.

Nach dem Rösten geben durch Schmelzen mit Soda und Borax ein Kupferkorn (oder färben die Boraxreduktionsperle, besonders auf Zusatz von Stanniol, leberbraun): Kupferglanz. Schmilzt v. d. L. auf Kohle zu einer Kugel, welche stark spritzt; Metallglanz; $H = 2,5-3$; Strich: schwarz. — Kupferindig. Wie Kupferglanz v. d. L.; $H = 1,5$; Fettglanz. — Buntkupfererz schmilzt v. d. L. zu stahlgrauer magnetischer Kugel; kupferroth oder bunt; Strich: schwarz; gibt eine Eisenreaktion. — Kupferkies. Verknistert v. d. L. und zerfliesst dann zu einer grauen magnetischen Masse; Metallglanz; messinggelb oder bunt angelaufen; Strich: grünlichschwarz; gibt Eisenreaktion. — Carmenit. Leicht schmelzbar v. d. L.; Metallglanz; stahlgrau; Strich: glänzend. — Rahtit. Schmilzt v. d. L. unter Aufschäumen; gibt auf Kohle Beschlag von Zink; bleigrau; Strich: röthlichbraun. — Zinkkies. Schmilzt v. d. L. zu einem spröden Korn; gibt Eisenreaktion; mit Soda im Reduktionsfeuer erhält man Zinnflitter; $H = 4,5$; Metallglanz.

3. Die geschmolzene Masse gibt keine Schwefelreaktion, es bleibt aber ein Metallkorn:

a. Das Korn ist ein Wismuthkorn:

Gediegen Wismuth. Wismuthocker BiO^3. — Wismuthspath $4BiO^3,3CO^2 + 4HO$. — Kieselwismuth $2BiO^3,3SiO^2$.

Gediegen Wismuth. Schmilzt leicht v. d. L.; $H = 2,5$; Metallglanz; silberweiss; oberflächlich gewöhnlich bunt angelaufen; Strich: unverändert; spröde. — Wismuthocker. Reduzirt sich auf der Kohle v. d. L. und schmilzt dann zu einer Metallkugel; $H = 1,5$; Wachsglanz; zerreiblich; gelb; Strich: gelblichweiss. — Wismuthspath. Auf Kohle v. d. L. reduzirbar und schmelzbar; im Kolben färbt er sich braun; braust mit Säuren auf; gibt im Kolben Wasser; Glasglanz; weiss. — Kieselwismuth. Schmilzt v. d. L.; die Phosphorsalzperle gibt ein Kieselskelett; Diamantglanz; $H = 4,5$; braun; Strich: gelblichgrau.

b. Das Korn ist ein Bleikorn:

Gediegen Blei. — Schwerbleierz PbO^2 — Mennige Pb^3O^4. — Matlockit $PbCl + PbO$. — Mendipit $PbCl + 2PbO$. — Pyromorphit (Grünbleierz. Mimetesit Polysphärit) $3(3PbO,PO^5) +$

$+$ PbCl. — Cerussit (Weissbleierz. Bleispath) PbO,CO^2. — Bleihornerz $PbCl+PbO,CO^2$. — Stolzit PbO,WO^3. — Wulfenit (Gelbbleierz) PbO,MoO^3. — Vanadinit $3(3PbO,VO^5)+PbCl$. — Dechenit PbO,VO^5. — Krokoit (Rothbleierz) PbO,CrO^3. — Melanochroit $3PbO,2CrO^3$. Eusynchit $3(Pb,Zn)O,VO^5$. — Vauquelinit $3CuO,2CrO^3+2(3PbO,2CrO^3)$.

Die Sauerstoffreaktion geben: Schwerbleierz. Eisenschwarz; Strich: braun. — Mennige. Roth: Strich: pomeranzengelb.

Mit Säuren brausen auf: Cerussit. Zerknistert v. d. L., färbt sich dann orangegelb und wird schliesslich zu Blei reduzirt; $H=3$ — Bleihornerz. $H=2,5$; schmilzt leicht v. d. L. in der äussern Flamme zu einer Kugel, die beim Erkalten blassgelb wird; wird leicht reduzirt und entwickelt dabei saure Dämpfe.

Die Boraxperle wird in der innern Flamme grün, in der äussern gelb von Vanadin gefärbt: Vanadinit. Decrepitirt stark; schmilzt zur Kugel, die sich unter Funkensprühen zu Blei reduzirt; Strich: weiss. — Dechenit. Schmilzt leicht v. d L.; Strich: gelblich. — Eusynchit. Gibt auf Kohle Zinkbeschlag; Strich: blassgelb.

Die Boraxperle wird in der äussern und innern Flamme von Chrom grün gefärbt: Krokoit. Decrepitirt, schmilzt leicht und breitet sich auf der Kohle aus; Diamantglanz; Strich: pomeranzengelb. — Melanochroit Knistert nur wenig v. d. L. und schmilzt zu dunkler Masse; Strich: ziegelroth. Vauquelinit Gibt die Reaktion auf Kupfer; schwillt v. d. L ein wenig auf und schmilzt dann, stark schäumend, zu einer dunkelgrauen Kugel; Strich: zeisiggrün.

Pyromorphit. Decrepitirt im Glaskolben; schmilzt v. d. L. auf Kohle in der äussern Flamme zu einer Perle, die beim Erkalten eine krystallinische Oberfläche erhält und gibt einen schwachen weissen Beschlag von Chlorblei; färbt die Flamme blau; manche Vorkommen geben Arsengeruch.

Die Phosphorsalz-Reduktionsperle wird blau von Wolfram: Stolzit. Schmilzt auf Kohle zu einer metallglänzenden krystallinischen Kugel; Strich: grau.

Die Phosphorsalz-Reduktionsperle wird grün von Molybdän gefärbt: Wulfenit: Zerknistert v. d. L. und schmilzt auf Kohle; Strich: weiss.

Mendipit. Riecht v. d. L. auf Kohle nach Salzsäure und wird zu Blei reduzirt.

Matlockit. Schmilzt, nachdem er decrepitirte, zu graugelber Kugel. Der Chlorgehalt von Mendipit und Matlockit wird am besten auf nassem Wege nachgewiesen.

Gediegen Blei. Leicht schmelzbar v. d. L.; gibt auf Kohle starken gelben Beschlag; $H=1,5$; Metallglanz; abfärbend; Strich: lebhaft glänzend.

c. Das Korn ist ein Silberkorn:

Gediegen Silber. — Chlorsilber (Hornsilber) AgCl. — Bromsilber $AgBr^2$. — Jodsilber AgJ^2. — Amalgam $AgHg^x$.

Gediegen Silber. Schmilzt v. d L.; Bruch: hackig; Strich: glänzend.
Chlorsilber. Schmilzt schon in einer Lichtflamme; v. d. L. erhält man eine bräunliche Perle; Bruch: muschelig; $H=1,5$; durchscheinend; Strich: weiss.
Bromsilber. Das Pulver ist hellgrün und wird am Licht rasch grau.
Jodsilber. Schmilzt v. d. L. zu einem Silberkorn und färbt die Flamme purpurroth; $H=1$; Strich: glänzend.
Amalgam. Im Kolben kocht und spritzt es und gibt Quecksilbertropfen; auf Kohle verdampft Quecksilber und ein Silberkorn bleibt zurück; $H=3$.

d. Das Korn ist ein Kupferkorn:

Gediegen Kupfer — Rothkupfererz (Cuprit) Cu^2O. — Kupferschwärze CuO. — Akakamit $CuCl+3(CuO,HO)$. — Libethenit $3CuO,PbO^5+CuO,HO$. — Phosphorocalcit $3CuO,PO^5+3(CuO,HO)$. — Trombolith $3CuO,2PO^5+6HO$. — Malachit CuO,CO^2+CuO,HO. — Kupferlasur $2(CuO,CO^2)+CuO,HO$. — Dioptas CuO,SiO^3+HO. — Kieselkupfer CuO,SiO^2+2HO. — Crednerit $3CuO,2Mn^2O^3$. — Volborthit $4(Cu,Ca)O,VO^3+HO$.

Wasserfrei sind: Gediegen Kupfer. Bruch: hackig; $H=2,5$; kupferroth; Metallglanz; Strich: glänzend. — Rothkupfererz. Wird schwarz v. d. L. und schmilzt dann zu einem Kupferkorn; $H=3,5$; karminroth; Strich: braunroth. — Kupferschwärze. Wird v. d. L. zu einem Kupferkorn reduzirt; $H=3$; stahlgrau; blau- oder braunschwarz; Strich: unverändert. — Crednerit. Unschmelzbar v. d. L; gibt Manganreaktion; $H=4,5$.
Wasser enthaltend: Unschmelzbar v. d. L. sind: Dioptas. Wird v. d. L. in der äussern Flamme schwarz, in der innern roth; $H=5$; Strich: grün; Die Phosphorsalzperle zeigt ein Kieselskelett. — Kieselkupfer. Wird v. d. L. zuerst schwarz,

dann braun; H = 2,5; Strich: grünlichweiss; die Phosphorsalzperle zeigt ein Kieselskelett.

Mit Salzsäure brausen auf: Malachit. Schmilzt zu einer Kugel und wird in höherer Temperatur reduzirt; grün; Strich: grün. — Kupferlasur. Schmilzt v. d. L. und wird reduzirt; blau; Strich: blau.

Atakamit. Färbt die Flamme blaugrün; $H = 3$.

Libethenit. Schmilzt v. d. L. auf Kohle zu stahlgrauer Kugel; $H = 3,5$; Fett- oder Glasglanz; grün; Strich: gelblichgrün.

Phosphorocalcit. Schmilzt v. d. L. zu stahlgrauer Kugel; $H = 4,5$; Glasglanz; grün; Strich: grün.

Trombolith. Verhält sich wie Phosphorocalcit.

Volborthit. Schmilzt v. d. L. auf Kohle zu schwarzer Schlacke; im Kolben gibt er Wasser und wird schwarz; $H = 3,5$; olivengrün; Strich: gelb.

e. Das Korn ist ein anderes Metall:

Erdkobalt $CoO, 2MnO^2 + 4HO$. — Nickelsmaragd $3NiO, CO^2 + 6HO$. — Gediegen Gold.

Erdkobalt. Färbt die Boraxperle blau; mit Soda und Salpeter auf dem Platinblech geschmolzen gibt er eine grüne Masse.

Nickelsmaragd. Färbt die Boraxperle in der äussern Flamme braunroth; braust mit Säuren auf.

Gediegen Gold. Sehr schwer schmelzbar; gelb; $H = 2,5$; Metallglanz; hohes spez. Gew.

III. Die Boraxperle wird in der äussern Flamme amethystroth gefärbt:

1. Mineralien mit Metallglanz:

Pyrolusit (Braunstein) MnO^2. — Hausmannit Mn^3O^4. — Braunit (Marcelin) Mn^2O^3. — Manganit Mn^2O^3, HO. — Psilomelan $(MnO^2 . BaO . HO.)$.

Mit Schwefelsäure und Chlornatrium erwärmt, geben Chlorgeruch: Pyrolusit. Gibt viel Chlor; $H = 2$; Strich: schwarz. — Hausmannit. Gibt wenig Chlor; $H = 5,5$; Strich: röthlich-

braun. — Braunit. Gibt wenig Chlor; H=6,5; Strich: schwarz.
— Manganit. Gibt wenig Chlor; im Kolben erhält man Wasser; H = 4; Strich: braun. — Psilomelan. Gibt wenig Chlor und im Kolben etwas Wasser; H = 5,5; unvollkommner Metallglanz; Strich: glänzend braunschwarz; löst sich leicht in Salzsäure und gibt dann mit Schwefelsäure einen Niederschlag.

2. Mineralien ohne Metallglanz:

Manganspath MnO,CO^2.—Manganocalcit($MnO,CaO,MgO.CO^2$) — Kieselmangan (Rhodonit. Bustamit) MnO,SiO^2. — Tephroit $2MnO,SiO^2$. — Helvin ($MnO.FeO.SiO^2 . BiO^3.MnS.$). — Wad ($MnO^2.MnO.CaO.BaO.HO$). — Karpholith $2(Al,Mn)^2O^3,3SiO^2 + 3HO$. — Thonmangangranat $3(Mn,Ca)O,2SiO^2 + Al^2O^3,SiO^2$. — Pyrochroit MnO,HO. — Mangan-Epidot $3(2MnO, SiO^2) + 2Al^2O^3,3SiO^2$. — Eisenapatit $3(3[Fe,Mn]O,PO^5)+FeFl$. — Childrenit $2(4[Fe,Mn]O,PO^5+2Al^2O^3,PO^5)+15HO$. Tantalit $(Fe,Mn)O,TaO^2$. — Niobit (Columbit) $(Fe,Mn)O,NbO^3$. — Zinkspath z. Th. $(Zn,Mn)O,CO^2$. — Triplit $4(Fe,Mn)O,PO^5$ — Triphyllin $3(Li,Fe,Mn)O,PO^5$.

Im Kolben geben Wasser: Wad. Gibt mit Schwefelsäure und Chlornatrium Chlor-Geruch; das Volumen wird v. d. L. kleiner; H · 1; Fettglanz; Strich: braun; abfärbend. — Pyrochroit. Perlmutterglanz; weiss; H · 1—1,5; wird an der Luft broncefarbig; beim Erhitzen spangrün und zuletzt braun. — Karpholith. Schwillt v. d. L. auf, wird weiss und schmilzt schwer zu einem unklaren bräunlichen Glase; H = 5; Perlmutterglanz; strohgelb; Strich: weiss. — Childrenit. Schwillt v. d. L., sich verästelnd, an und färbt die Flamme blaugrün; gibt viel Wasser; H = 5; durchsichtig; Glasglanz; weingelb; Strich: gelblich.

Mit Salzsäure erwärmt, brausen auf: Manganspath. Decrepitirt etwas v d. L.; H = 4; Strich: röthlichweiss. — Manganocalcit. H = 5; Strich: weiss. — Zinkspath. Gibt auf Kohle einen Zinkbeschlag.

In der Phosphorsalzperle geben ein Kieselskelett:

a. in Salzsäure löslich: Tephroit. Schmilzt v. d. L. zu schwarzer Schlacke; H = 5,5; Glasglanz; bräunlich oder grau; Strich: etwas heller. — Helvin. Schmilzt v. d. L. in der innern Flamme unter Kochen zu einer unklaren Perle; gibt auf Kohle Wismuthbeschlag; schwache Schwefel-Reaktion; H = 6; Fettglanz; gelb-grün; Strich: grau.

b. In Salzsäure unlöslich: **Kieselmangan.** Schmilzt v. d. L. auf Kohle zu einer schwarzen Kugel; H=5,5; rothbraun; Strich: röthlichweiss. — **Epidot.** Schmilzt leicht zu schwarzem Glas; H=6,5; röthlichschwarz; Strich: hellgrau. — **Granat.** Schmilzt leicht; H=7; rothbraun; Strich: grau.

Eisenapatit. Verknistert v. d. L. und schmilzt leicht; H=5; braun; Fettglanz; Strich: graulichweiss; mit Salzsäure färbt er die Flamme schwach blaugrün.

Tantalit. Unschmelzbar v. d. L.; schwache Manganreaktion; H=6,5; eisenschwarz; Strich: braun.

Niobit. Unschmelzbar; schwache Manganreaktion; H=6; braunschwarz.

Triplit. Schmilzt v. d. L. auf Kohle sehr leicht mit starkem Brausen zu einer metallisch glänzenden Kugel, welche vom Magnet angezogen wird; in Salzsäure leicht löslich; H=5,5; Fettglanz; Strich: grünlichgrau bis gelblichbraun.

Triphyllin. Schmilzt v. d. L. sehr leicht und ruhig zu einer stahlgrauen magnetischen Kugel; färbt die Flamme schwach blaugrün, zuweilen auch roth; schwache Manganreaktion; Fettglanz; grünlichgrau; Strich: hellgrau.

IV. Das Mineralpulver mit Kobaltsolution geglüht, zeigt eine grüne Farbe.

Zinkoxyd ZnO. — Zinkspath (Galmei z. Th.) ZnO,CO^2. — Zinkblüthe $3ZnO,CO^2+3HO$. — Gahnit $(Zn,Fe,Mg)O,Al^2O^3$. — Willemit $2ZnO,SiO^2$ — Kieselzink (Galmei z. Th.) $2ZnO,SiO^2+$ $+HO$.

Mit Salzsäure befeuchtet brausen auf: **Zinkspath.** Unschmelzbar; H=5. — **Zinkblüthe.** Gibt im Kolben Wasser; H=2,5.

Die Phosphorsalzperle enthält ein Kieselskelett. **Kieselzink.** Gibt im Kolben Wasser und decrepitirt. — **Willemit.** Gibt kein Wasser; H=5,5.

In Salzsäure löslich: **Zinkoxyd.** H=4; Diamantglanz; Strich: gelb.

In Salzsäure unlöslich: **Gahnit:** H=7,5; Glasglanz; Strich: weiss.

V. In Salzsäure ohne Rückstand löslich:

1. Vor dem Löthrohre schmelzbar:

a. Im Kolben geben Wasser:

Sassolit $BoO^3, 3HO$ — Hydroborazit $3(Ca,Mg)O, 4BoO^3 + 9HO$. — Uranit $(Ca,Cu)O, PO^5 + 2U^2O^3 + 8HO$. — Grüneisenstein $2(2Fe^2O^3, PO^5) + 5HO$. — Eisenblau (Vivianit) $3FeO, PO^5 + 8HO$.

Sassolit. Färbt die Flamme grün; sublimirt im Kolben; $H=1$.
Hydroborazit. Schmilzt v. d. L. und färbt die Flamme schwach grün; $H=2$; löst sich in Wasser nicht vollständig.
Uranit. Gibt die Uranreaktion. a. Kalkhaltiger: Strich: schwefelgelb. b. Kupferhaltiger: Strich: apfelgrün.
Grüneisenstein. Färbt die Boraxperlen von Eisen; schmilzt v. d. L. zu schlackiger Kugel; $H=3,5$; Seidenglanz; grün bis braun; Strich: gelblichgrau.
Eisenblau. Schwillt v. d. L. auf, brennt sich roth und schmilzt zu einem Korn; $H=1,5$; Glasglanz; Strich: blauweiss.

b. Im Kolben geben kein Wasser:

Wagnerit $3MgO, PO^5 + MgFl$. — Apatit (Spargelstein) $3(3CaO, PO^5) + Ca\begin{Bmatrix}Cl\\Fl\end{Bmatrix}$. — Kryolith $3NaFl + Al^2Fl^3$. — Amblygonit $5(Li,Na)O, 3PO^5 + 5Al^2O^3, 3PO^5 + (LiFl + Al^2Fl^3)$. — Chiolith $3NaFl + 2Al^2Fl^3$. — Borazit (Stassfurthit) $2(3MgO, 4BO^3 + HO) + MgCl$. — Yttrotitanit $3CaO, SiO^2 + 2R^2O^3, 3SiO^2 + YO, TiO^2$. - Molybdänocker MoO^3.

Borazit. Färbt die Flamme schwach grün; gibt in sehr hoher Temperatur etwas Wasser; $H=7$
Die Flamme wird schwach blaugrün gefärbt, nachdem die Substanz mit Schwefelsäure befeuchtet ist: Wagnerit. Schmilzt v. d. L. mit Sprudeln; $H=3$; löst sich in verdünnter Schwefelsäure. — Apatit. Schmilzt ruhig; $H=5$; löst sich nicht in verdünnter Schwefelsäure. — Amblygonit. Schmilzt sehr leicht; $H=2$; gibt schwache Fluor- und Lithion-Reaktion.

Kryolith. Schmilzt schon in der gewöhnlichen Flamme zu einer wasserhellen Perle, die beim Abkühlen unklar wird; in der Glasröhre geschmolzen, erhält man Reaktion auf Flusssäure; H = 2,5. — Chiolith. Wie Kryolith. H = 4. Beide geben Natronfärbung in der Flamme.

Yttrotitanit. Die Phosphorsalzperle enthält ein Kieselskelett; die Phosphorsalzperle wird in der innern Flamme von Titan gefärbt.

Molybdänocker. Gibt die Molybdänreaktion; erdig; Strich: gelb.

2. Unschmelzbar vor dem Löthrohre.

a. Mineralien mit Wassergehalt.

Uranocker $U^2O^3 + xHO$. — Kalait (Türkis) $2Al^2O^3, PO^5 + 5HO$. — Peganit $2Al^2O^3, PO^5 + 6HO$. — Fischerit $2Al^2O^3, PO^5 + 8HO$. — Lanthanit $3LaO, CO^2 + 4HO$. — Parisit (CeO.LaO.CO^2.HO.) — Wavellit $3(4Al^2O^3, 3PO^5 + 18HO) + Al^2Fl^3$. — Gibbsit $Al^2O^3, PO^5 + 8HO$. — Hydrargyllit $Al^2O^3, 3HO$.

Mit Schwefelsäure benetzt, färben die Flamme grün: Kalait. Wird v. d. L. braun; H = 6; Wachsglanz; grün; Strich: weiss. — Peganit wie Kalait. H = 3,5. — Fischerit wie Kalait. H = 5. — Wavellit. Gibt im Kolben etwas Flusssäure; blättert sich v. d L. auf und wird weiss; wird mit Kobaltsolution blau. — Gibbsit wie Wavellit, bleibt aber v. d. L. unverändert.

Mit Salzsäure brausen auf: Lanthanit. Wird im Kolben braun; Perlmutterglanz oder matt; Strich: weiss. — Parisit. Wird im Kolben braun; Glasglanz; Strich: gelblichweiss.

Uranocker. Die Phosphorsalzperle gibt die Uranreaktion; wird im Kolben roth; H = 1; erdig; gelb.

Hydrargyllit. Wird v. d. L. weiss und blättert sich auf und leuchtet stark ohne zu schmelzen; mit Kobaltsolution wird er schön blau; H = 2,5; durchscheinend.

b. Mineralien ohne Wassergehalt.

Uranpecherz (Pechblende) UO, U^2O^3. — Chromocker Cr^2O^3. Magnesitspath MgO, CO^2. — Monazit $3(Ce, La)O, PO^5$. — Polykras $(TiO^2.NbO^2.ZrO^2.YO.FeO)$. — Fluocerit CeFl — Periklas MgO. — Apatit $3(3CaO, PO^5) + Ca\begin{cases} Cl \\ Fl \end{cases}$

Uranpecherz. Uranreaktion; $H = 5{,}5$; Fettglanz; Strich: schwarz.

Chromocker. Die Boraxperlen werden schön grün; weich und erdig.

Apatit. Färbt, mit Schwefelsäure befeuchtet, die Flamme schwach blaugrün; $H = 5$.

Magnesitspath. Braust mit Salzsäure; wird durch Kobaltsolution fleischroth gefärbt; $H = 4$.

Monazit. Färbt die Flamme, nach dem Befeuchten mit Schwefelsäure, blaugrün; Strich: röthlichgelb.

Polykras. Verknistert v. d. L.; rasch zum Glühen erhitzt, verglimmt er zu gelbbrauner Masse; Strich: gelbbraun.

Fluocerit. Gibt mit Schwefelsäure erwärmt Flusssäure; v. d. L. wird er weiss. — Yttrocerit. Wie Fluocerit.

Periklas. Glasglanz; $H = 6$; wird mit Kobaltsolution fleischroth.

VI. In Salzsäure zu einer Gallerte löslich:

1. Vor dem Löthrohre schmelzbar:

a. Wasser enthaltend:

Datolith $CaO, 2SiO^2 + CaO, BO^3 + HO$. — Natrolith (Mesotyp, Faser-Zeolith) $NaO, SiO^2 + Al^2O^3, 2SiO^2 + 2HO$. — Analcim $NaO, SiO^2 + Al^2O^3, 3SiO^2 + 2HO$. — Skolezit $CaO, SiO^2 + Al^2O^3, 2SiO^2 + 3HO$. — Laumontit $CaO, SiO^2 + Al^2O^3, 3SiO^2 + 4HO$. — Phillipsit $RO, SiO^2 + Al^2O^3, SiO^2 + 5HO$. — Gismondin $CaO, SiO^2 + Al^2O^3, SiO^2 + 4HO$. — Gmelinit $NaO, SiO^2 + Al^2O^3, 3SiO^2 + 6HO$. Faujasit $RO, 2SiO^2 + Al^2O^3, 3SiO^2 + 8HO$. — Thomsonit $3(CaO, SiO^2) + 3(Al^2O^3, SiO^2) + 7HO$. — Hisingerit $3(FeO, SiO^2) + 2(Fe^2O^3, SiO^2) + 6HO$. — Nontronit $Fe^2O^3, 3SiO^2 + 5HO$.

Die Flamme wird von Natron gelb gefärbt: Natrolith. Wird v. d. L trübe und schmilzt dann ruhig zu klarem Glase; $H = 5$; Glasglanz. Manchmal reagirt das feuchte Pulver alkalisch. — Analcim. Schmilzt zu einem klaren Blasen enthaltenden Glase; $H = 5{,}5$; Glas- oder Perlmutterglanz; reagirt gleichfalls bisweilen alkalisch. — Phillipsit. Blüht sich v. d. L. auf und schmilzt dann ruhig zu klarem Glase; $H = 4{,}5$; Glasglanz. — Faujasit.

Schwache Natronfärbung; bläht sich v. d. L. auf und schmilzt zu weissem Email; Diamant- oder Glasglanz; $H = 7$. — Gmelinit. Schwache Natronfärbung; schmilzt leicht zu einem blasigen, wenig durchscheinenden, Email; $H = 4,5$ - Thomsonit. Schwache Natronfärbung; v. d. L. bläht er sich stark auf, wird weiss und undurchsichtig und schmilzt dann zu weissem Email; $H = 5—5,5$.

Datolith. Färbt die Flamme schwachgrün von Borsäure; schwillt v. d. L. auf und schmilzt dann; $H = 5,5$; Glas- oder Fettglanz; spröde.

Skolezit. Krümmt sich wurmförmig v. d. L. und schmilzt dann leicht zu blasigem Glase; $H = 5,5$; Glasglanz.

Laumontit. Schmilzt v. d. L., nachdem er sich aufgebläht, zu milchweissem Glase; $H = 3,5$; sehr zerbrechlich; das feuchte Pulver reagirt oft alkalisch.

Gismondin. Bläht sich v. d. L. auf, decrepitirt, wird undurchsichtig und weiss und schmilzt dann zu einem weissen blasigen Email; $H = 5$; Glasglanz.

Hisingerit. Färbt die Boraxperle von Eisen; schmilzt v. d. L. zu einer matten, schwarzen Kugel, die vom Magnet angezogen wird; Fettglanz; schwarz; Strich: bräunlichgelb.

Nontronit. Wird v. d. L. röthlich; nach dem Glühen magnetisch; strohgelb; fett anzufühlen.

b. Wasser frei:

Hauyn $3(NaO,SiO^2 + Al^2O^3,SiO^2) + 2CaO,SO^3$. — Nosean $3(NaO,SiO^2 + Al^2O^3,SiO^2) + NaO,SO^3$. — Sodalith $3(NaO,SiO^2 + Al^2O^3,SiO^2) + NaCl$. — Lasurstein $(SiO^2.Al^2O^3.SO^3.NaO.CaO)$. — Skolopsit $3(3NaO,SiO^2 + Al^2O^3,SiO^2) + NaO,SO^3$. — Wollastonit CaO,SiO^2. — Eudialith $2RO,SiO^2 + ZrO^2,2SiO^2$. — Eukolith $(NbO^2.ZrO^2.SiO^2.CuO.NaO)$. — Nephelin $4RO,SiO^2 + 4Al^2O^3,5SiO^2$. — Mejonit (Wernerit, Skapolith) $3(3CaO,SiO^2) + 2(Al^2O^3,3SiO^2)$. — Humboldilith (Melilith) $2(3RO,2SiO^2) + R^2O^3,SiO^2$. — Tschewkinit $(SiO^2.TiO^2.CeO.LaO.FeO.CuO)$. — Orthit (Allanit) $3(3RO,2SiO^2) + 2(Al^2O^3,SiO^2)$. — Fayalit $2FeO.SiO^2$. — Lievrit.

Mit Soda geben Hepar-Reaktion: Hauyn. Decrepitirt v. d. L. und schmilzt zu blaugrünem Glase; $H = 5,5$; Glasglanz; weiss bis blau; Strich: bläulich weiss. Das feuchte Pulver reagirt meist alkalisch. — Lasurstein. Schmilzt schwer v. d. L. zu

einem weissen Glase; H = 5,5; schwacher Glasglanz; Strich: hellblau; entwickelt deutlich Schwefelwasserstoff mit Salzsäure.
— Skolopsit. Schmilzt v. d. L. unter Aufschäumen und Sprudeln zu grünlichem Glase; H — 5; rauchgrau oder röthlich weiss. — Nosean. Schmilzt nur an den Kanten zu einem blasigen Glase; H — 5,5 - 6.
Mit einer durch Kupferoxyd gesättigten Boraxperle färben die Flamme blau: Sodalith. Schmilzt v. d. L. zu klarem farblosen Glase. — Eudialyt. Schmilzt v. d L. zu undurchsichtigem grünen Glase.

Die geschmolzene Masse ist magnetisch: Fayalit. Schmilzt v. d. L. zu einer graulich schwarzen, spröden, metallglänzenden und magnetischen Kugel; die Boraxperlen werden von Eisen gefärbt; in der innern Flamme bekommt man mit Zinn eine Kupferperle; Strich: grünlich grau; schon vor dem Glühen magnetisch. — Lievrit. Schmilzt leicht zu einer eisenschwarzen magnetischen Kugel; die Boraxperlen werden von Eisen gefärbt; Strich: schwarz.

Wollastonit. Schmilzt ruhig zu durchscheinendem Glase.

Eukolith. Schmilzt leichter. Die salzsaure Lösung, nach Abscheidung des Kieselsäure, mit Stanniol gekocht, wird blau, die Farbe versshwindet beim Verdünnen; rothbraun.

Mejonit. Schmilzt unter Schäumen zu blasigem Glase.

Nephelin. Schmilzt ohne Schäumen; H — 5,5; Glasglanz oder Fettglanz; das feuchte Pulver reagirt alkalisch.

Humboldilith. Schmilzt langsam zu gelblichem oder schwärzlichem Glase; H = 5,5.

Tschewkinit. Bläht sich v. d. L. auf und wird porös, wobei manche Stücke Feuererscheinung zeigen; stärker erhitzt, wird er gelb und schmilzt erst bei Weissglühhitze zu schwarzem Glase; Strich dunkelbraun.

Orthit. Schmilzt v d. L. unter Aufblühen zu einem schwarzen Glase; gibt im Kolben etwas Wasser; braun bis schwarz; Strich: gelblich bis grünlichgrau.

2. Vor dem Löthrohre unschmelzbar:

a. Wasser enthaltend:

Thorit $2ThO, SiO^2 + 2HO$. — Cerit $2CeO, SiO^2, + 2HO$. — Meerschaum $2MgO, 3SiO^2 + 2HO$. Schillerspath $(Mg, Fe)O, SiO^2 + HO$. — Serpentin (Ophit) $3MgO, 2SiO^2 + 2HO$. — Antigorit $4RO, 3SiO^2 + HO$. — Monradit $4(MgO, SiO^2) | HO$. — Neolith

$3(MgO,SiO^2)+HO$. — Chrysotil $3MgO,2SiO^2+2HO$. — Allophan Al^2O^3,SiO^2+5HO. — Kollyrit $2Al^2O^3,SiO^2+10HO$. — Orangit $2ThO,SiO^2+3HO$.

Mit Kobaltsolution werden schwach fleischroth: Serpentin. Schmilzt an dünnen Kanten; im Kolben wird er schwarz und gibt Wasser; H — 3—4; matt oder Fettglanz. Das Pulver reagirt alkalisch. — Schillerspath. Wie Serpentin, nur grosse Spaltungsflächen mit Perlmutterglanz; beide wirken nach dem Glühen auf die Magnetnadel Brennt sich v. d. L. braun. — Antigorit. Fliesst v. d. L. in dünnen Blättchen zu gelbbraunem Schmelz; H — 2,5. — Monradit. Wird v. d. L. etwas dunkler; H = 6; Glasglanz; gelb. — Neolith. H = 1; Fett- oder Seiden-Glanz; fühlt sich fettig an. — Chrysotil. Brennt sich v. d L. weiss; metallähnlicher Perlmutterglanz. — Meerschaum. Schrumpft v. d. L. zusammen: saugt Wasser ein; H = 2; sehr leicht.

Mit Kobaltsolution färben sich blau: Allophan. Färbt die Flamme grün; gibt viel Wasser. — Kollyrit. Saugt Wasser ein; wird durchscheinend und zerspringt; H = 1,5.

Thorit. Verliert v. d. L. seine schwarze Farbe und wird gelb ohne zu schmelzen; Glasglanz; schwarz; Strich: graulichroth.

Cerit. Nelkenbraun; Strich: graulichweiss.

Orangit. Färbt sich v. d. L. vorübergehend dunkelbraun; decrepitirt schwach und verglimmt; orangegelb; Strich: hellgelb.

b. Wasser frei:

Gadolinit $2MgO,SiO^2+2YO,SiO^2$. — Gehlenit $3RO,SiO^2+$ $+R^2O^3,SiO^2$. — Olivin (Chrysolith) $2MgO,SiO^2$. — Boltonit $3MgO,SiO^2$. — Chondrodit (Humit) $2(MgO,3SiO^2)+MgFl$.

Gadolinit. Die glasartigen Varietäten glimmen, wenn sie an den Kanten bis zur Rothgluth erhitzt werden, plötzlich hell auf und schwellen an. Andere Varietäten, die splitterigen Bruch besitzen, zeigen diese Erscheinung nicht, sondern werden weiss und schwellen blumenkohlartig auf; H = 6,5; schwarz; Strich: graulichgrün.

Gehlenit. Schwillt nicht v. d. L. auf; H = 5,5; schwacher Fettglanz; grau; Strich: weiss.

Olivin. Verändert sich nicht v. d. L.; H = 7; Glasglanz; grünlichgelb; Strich: weiss; das feuchte Pulver reagirt alkalisch.

Chondrodit. Wird v. d. L. milchweiss; in einer Glasröhre stark erhitzt, gibt er schwache Flusssäure-Reaktion; $H = 6$; gelbbraun oder röthlich; Strich: weiss.

Boltonit. Verhält sich v. d. L. ebenso; $H = 5,5$; bleigrau bis gelb.

VII. In Salzsäure löslich, mit Abscheidung von Kieselsäure ohne Gallerte:

1. Mineralien mit Wassergehalt:

Apophyllit $4(2CaO,3SiO^2+KO,3SiO)+16HO$. — Pektolith $2NaO,3SiO^2+8(CaO,SiO^4)+3HO$. — Okenit $CaO,2SiO^2+ +2HO$. — Pyrossklerit $3(2MgO,SiO^4)+Al^2O^3,SiO^2+4HO$. — Analcim $NaO,SiO^2+Al^2O^3,3SiO^2+2HO$.—Chonikrit $7RO,SiO^2+ +2RO,Al^2O^3+6HO$. — Brewsterit $RO,2SiO^2+Al^2O^3,3SiO^2+ +5HO$. — Stilbit (Desmin) $CaO,3SiO^2+Al^2O^3,3SiO^2+6HO$. — Chabasit $CaO,SiO^2+Al^2O^3,3SiO^2+5HO$. — Prehnit $2(CaO,SiO^2) +Al^2O^3,SiO^2+HO$. — Harmoton $BaO,2SiO^2+Al^2O^3,SiO^2$. — Heulandit $CaO,2SiO^2+Al^2O^3,3SiO^2+5HO$. — Palagonit $(3RO,SiO^2) +2R^2O^3,3SiO^2+9HO$. — Chlorit (Ripidolith) $2(RO,SiO^2)+ +2RO,Al^2O^3+3HO$. — Meerschaum $2MgO,3SiO^2+2HO$. — Gymnit $4MgO,3SiO^2+6HO$. — Serpentin $3MgO,2SiO^2+2HO$. — Neolith $3(MgO,SiO^2)+HO$. — Mosandrit $(SiO^2.TiO^2.CeO.LaO.HO.)$.

Mit Kobaltsolution werden schwach fleischroth: Meerschaum. Schrumpft v. d. L. zusammen; saugt Wasser ein; an feuchter Lippe klebend; $H = 2$. — Gymnit. Färbt sich v. d. L. dunkelbraun; $H = 2,5$; gelb; durchscheinend. — Serpentin. Schmilzt an dünnen Kanten; im Kolben wird er schwarz; $H = 3-4$; matt oder Fettglanz. — Neolith. $H = 1$; Fett- oder Seidenglanz; fühlt sich fettig an.

Chlorit. Blättert sich v. d. L. und schmilzt an sehr dünnen Kanten; die Boraxperle zeigt Eisenfarbe; $H = 1,5$; grünlich; Strich: grünlichgrau.

Die salzsaure Lösung gibt mit Ammoniak keinen Niederschlag:

Apophyllit. Wird v. d. L. rasch matt, schwillt in der Richtung der Spaltung auf und schmilzt leicht zu blasigem Glase; spröde; Glas- auf einigen Flächen Perlmutterglanz; das feuchte Pulver reagirt gewöhnlich alkalisch.

Pektolith. Gibt nur wenig Wasser; schmilzt zu emailartigem Glase; das Pulver gibt nach dem Glühen mit Salzsäure Gallerte.

Okenit. Schmilzt unter Schäumen zu porzellanartiger Masse; schwacher Perlmutterglanz; wird nach dem Glühen wenig von Salzsäure angegriffen.

Die salzsaure Lösung gibt mit Ammoniak einen Niederschlag: Pyrosklerit. Die Boraxperle wird grün von Chrom gefärbt; schmilzt schwierig zu grauem Glase; $H = 3$. — Analcim. Schmilzt zu klarem, blasigen Glase; $H = 5,5$. — Chonikrit. Schmilzt unter Blasen-Entwicklung; $H = 3$. — Brewsterit. Wird v. d. L. undurchsichtig und schmilzt unter Schäumen, aber nur schwierig; die salzsaure Lösung gibt mit Schwefelsäure einen Niederschlag von BaO,SO^3. — Stilbit. Bläht sich v. d. L. auf und schmilzt zu weissem Schmelz; $H = 3,5$; Glasglanz, auf Spaltungsflächen Perlmutterglanz. Das Pulver reagirt oft alkalisch. — Chabasit. Schmilzt leicht zu blasigem, wenig durchscheinendem Email; $H = 4$; Glasglanz. — Prehnit. Gibt nur wenig Wasser; bläht sich v. d. L. stark auf und schmilzt zu weissem oder gelblichen Glase; stark geglüht, löst er sich in Salzsäure zu Gallerte; $H = 6$; Glas-, auf Endflächen Perlmutterglanz; graugrün. — Harmotom. Schmilzt ruhig zu weissem klaren Glase; die Auflösung gibt mit Schwefelsäure Niederschlag von BaO,SO^3; $H = 4,5$; Glasglanz. — Heulandit. Schmilzt unter Aufblähen und Schäumen zu Email; $H = 3,5-4$; Glas-, auf Spaltungsflächen Perlmutterglanz. — Palagonit. Schmilzt leicht zu einer glänzenden magnetischen Perle; die Boraxperle wird von Eisen gefärbt; $H = 4,5$; Fettglanz; braun; Strich: gelb.

Mosandrit. Gibt viel Wasser; wird im Kolben braungelb; schmilzt leicht zu braungrüner Perle; die Phosphorsalzperle zeigt Titanfärbung; Strich: graubraun.

2. Mineralien ohne Wassergehalt:

Leuzit $KO,SiO^2 + Al^2O^3,3SiO^2$. — Tachylit $3RO, SiO^2 + Al^2O^3,2SiO^2$. — Schorlamit $2(2CaO,TiO^2,) + FeO,3SiO^2$. — Wernerit $3RO,SiO^2 + 2Al^2O^3,3SiO^2$. — Wöhlerit $(NbO^2.ZrO^2.SiO^2.CaO.NaO)$. — Labrador $CaO,SiO^2 + Al^2O^3,2SiO^2$. — Anorthit $CaO,SiO^2 + Al^2O^3,SiO^2$. — Grossular $3RO, 2SiO^2 +$

$+R^2O^3, SiO^2$. — Sphen (Titanit) $CaO, 2SiO^2 + CaO, 2TiO^2$. — Knebelit $2FeO, SiO^2 + 2MnO, SiO^2$. — Yttrotitanit $(3[CaO, SiO^2] + R^2O^3, SiO^2) + YO, 3TiO^2$.

Die Phosphorsalzperle zeigt Titan-Reaktion: **Yttrotitanit.** Schmilzt unter Blasenwerfen zu schwarzer glänzender Schlacke; $H = 6,5$; Fettglanz; Strich: graubraun. — **Sphen.** Schmilzt an den Kanten zu schwärzlichem Glase; $H = 5,5$; Glasglanz; Strich: weiss. — **Schorlamit.** Schmilzt nur sehr schwer an den Kanten; $H = 7$; Strich: graulichschwarz; die Boraxperle wird von Eisen gefärbt.

Leuzit. Nur schwer in Salzsäure löslich; unschmelzbar; $H = 5,5$.

Tachylit. Schmilzt leicht und ruhig zu glänzendem Glase; gibt schwache Titanfärbung in der Phosphorsalzperle.

Wernerit. Schmilzt unter Schäumen und Leuchten zu weissem blasigen Glase; $H = 5$; Strich: hellgrau.

Wöhlerit. Schmilzt zu gelblichem Email; die salzsaure Lösung mit Stanniol gekocht, wird blau; honiggelb.

Labrador. Schmilzt zu dichtem klaren Glase. — **Anorthit** verhält sich ebenso.

Grossular. Schmilzt ruhig; $H = 7$; Strich: grau.

Knebelit. Unschmelzbar; die Boraxperle wird in der äussern Flamme violett von Mangan.

VIII. In Salzsäure unlöslich; die Phosphorsalzperle zeigt ein Kieselskelett:

1. Schmelzbar vor dem Löthrohre:

Danburit $(CaO. SiO^2. BO^3)$. — Lithionit $2LiO, SiO^2 + 3Al^2O^3, 2SiO^2 + LiFl$. — Petalit $3RO, 2SiO^2 + 4Al^2O^3, 6SiO^2$. — Triphan $3LiO, SiO^2 + 4Al^2O^3, 3SiO^2$. — Diallag $(Ca, Mg, Fe)O, SiO^2$. — Diopsid $(Ca, Mg)O, SiO^2$. — Augit $(Ca, Mg, Fe)O, \begin{cases} SiO^2 \\ Al^2O^3 \end{cases}$ — Axinit $5RO, SiO^2 + 4R^2O^3, (SiO^2, BoO^3)$. — Grammatit CaO, SiO^2. — Amphibol (Hornblende, Strahlstein, Asbest). — Sphen (Titanit) $CaO, 2TiO^2 + CaO, 2SiO^2$. — Orthoklas (Sanidin, Adular) $KO, 3SiO^2 + Al^2O^3, 3SiO^2$. — (Albit) Oligoklas. — Zoisit $3CaO, 2SiO^2$

$+2R^2O^3,SiO^2$ — Pistazit (Thulit, Epidot) $3(Ca,Mn,Fe)O,SiO^2+$
$+2R^2O^3,SiO^2$. — Granat (Pyrop) $3RO,2SiO^2+R^2O^3,SiO^2$ -
Vesuvian. — Kaliglimmer $KO,3SiO^2+Al^2O^3,SiO^2$. Achmit
$2NaO,3SiO^2+2Fe^2O^3,3SiO^2$. — Turmalin $3RO,2SiO^2+$
$+m(R^2O^3,SiO^2)$.

Die Flamme wird, besonders beim Zusammenschmelzen mit saurem schwefelsauren Kali, von Lithion roth gefärbt: **Lithionit**. Schmilzt leicht unter Aufwallen zu blasigem Glase; Reaktion von Flusssäure; $H = 2,5$. — **Petalit**. Schmilzt ruhig zu weissem Email; $H = 6$. — **Triphan**. Bläht sich auf und schmilzt dann zu klarem Glase; $H = 6,5$; Glas-, auf Spaltungsflächen Perlmutterglanz.

Die Flamme wird grün von Borsäure gefärbt: **Danburit**. Schmilzt zu einer in der Hitze klaren, beim Erkalten trüben Perle; gibt manchmal Wasser; Glasglanz; $H = 7$; gelb; Strich: weiss. — **Axinit**. Schmilzt leicht unter Aufwallen zu dunkelgrünem Glase; $H = 7$; Glasglanz; nelkenbraun bis violblau. — **Turmalin**. Schmilzt schwer und bläht sich auf; $H = 7,5$.

Diallagit. Schmilzt v. d. L.; Spaltung sehr deutlich nach $\infty P\infty$; gewöhnlich hellgrün und undurchsichtig.

Diopsid. Schmilzt zu weissem Glase; $H = 6$; farblos oder bouteillengrün.

Augit. Schmilzt zu schwarzem Glase; $H = 6$; dunkelgrün bis schwarz; das feuchte Pulver reagirt oft alkalisch.

Grammatit. Schmilzt unter Anschwellen und Kochen zu weissem Glase; weiss. — **Hornblende** ebenso, bildet aber ein graues Glas; das feuchte Pulver reagirt meist alkalisch.

Sphen. Titan-Reaktion; schmilzt, etwas aufwallend, zu schwärzlichem Glase.

Orthoklas (Sanidin, Adular). Schmilzt ruhig; Spaltung deutlich und rechtwinkelig. — **Oligoklas** (Albit etc.). Spaltung deutlich und schiefwinkelig.

Zoisit (Pistazit, Thulit). Schmilzt mit Anschwellen und Schäumen zu blasiger blumenkohlähnlicher Masse oder Schlacke; nach dem Schmelzen mit Salzsäure gelatinirend; grau. — **Pistazit** ebenso; das Glas wird schwarz oder braun; Farbe: grün. — **Thulit** ebenso; gibt Manganfärbung in der Boraxperle.

Granat. Schmilzt ruhig; conc. Säuren wirken etwas ein; $H = 7$. — **Vesuvian** ebenso, schmilzt aber etwas schwieriger und aufschäumend; das feuchte Pulver reagirt alkalisch.

Kaliglimmer. Verliert v. d. L. seine Durchsichtigkeit, wird weiss und spröde und schmilzt dann zu emailartigem Glase; gibt im Kolben etwas Wasser, das von Flusssäure sauer reagirt.

Achmit. Schmilzt leicht zu schwarzem Glase; gibt in der Boraxperle Eisenreaktion; wird von Säuren stark angegriffen; Strich: gelblichgrau.

2. Unschmelzbar vor dem Löthrohre.

Quarz (Bergkrystall etc.) SiO^2. — Magnesiaglimmer $3MgO,2SiO^2+Al^2O^3,SiO^2$. — Talk $MgO,2SiO^2+HO$. — Bronzit und Hypersthen $(Mg,Fe)O,SiO^2$. — Cordierit $2(MgO,SiO^2)+$ $+2Al^2O^3,3SiO^2$. — Staurolith $4R^2O^3,3SiO^2$. — Beryll (Smaragd) $\genfrac{}{}{0pt}{}{Be''O^3}{Al^2O^3}\}3SiO^2$. — Euklas. — Phenakit $Be^2O^3,3SiO^2$. — Zirkon ZrO^2,SiO^2. — Topas $6(Al^2O^3,SiO^2)+AlFl^3+SiFl^2$. — Uwarowit $3RO,2SiO^2+R^2O^3,SiO^2$. — Chlorit $2(RO,SiO^2)+2RO,Al^2O^3+$ $+3HO$. — Ripidolith $3(MgO,SiO^2)+2MgO,Al^2O^3+4HO$. — Opal (Hyalith etc.) SiO^2+xHO. — Andalusit (Chiastolith) $8Al^2O^3,9SiO^2$. — Disthen Al^2O^3,SiO^2. — Cimolit $2Al^2O^3,9SiO^2+$ $+6HO$. — Steinmark $2Al^2O^3,3SiO^2+HO$. — Kaolin $Al^2O^3,2SiO^2+$ $+2HO$. — Warwikit $3(Mg,Fe)O,TiO^2$. — Pyrophyllit $Al^2O^3,4SiO^2+HO$.

Von conc. Schwefelsäure werden zersetzt: Magnesiaglimmer. Wird v. d. L. trübe und schmilzt nur an Kanten; gibt in der Boraxperle Eisenreaktion; $H=2,5$; dünne Blätter, Schuppen oder Tafeln. Das feuchte Pulver reagirt alkalisch. — Chlorit. Blättert sich vor dem Löthrohr, wird weiss oder schwarz; gibt Wasser das nicht sauer reagirt. — Ripidolith ebenso, schmilzt aber etwas leichter an den Kanten. — Warwikit. Färbt die Perle durch Titan; färbt die Flamme durch Bor; Strich: braun.

Härte unter 7: Talk. Wird mit Kobaltsolution röthlich; blättert sich v. d. L.; $H=1$; fettig anzufühlen. — Bronzit und Hypersthen. Auf $\infty P\infty$ Metallglanz; braun oder schwarz; $H=6$. — Chiastolith. Wird von Kobaltsolution blau gefärbt; durch seine Zwillingsbildung zu erkennen. — Disthen. Wird v. d. L. weiss und dann durch Kobaltsolution schön blau gefärbt; Härte nahezu 7; biegsam. — Cimolit. Gibt im Kolben Wasser; durch Kobaltsolution schön blau; erdig. — Steinmark. Gibt im Kolben Wasser; durch Kobaltsolution schön blau gefärbt; brennt sich weiss v. d. L.; $H=2,5$; Strich: gelblichweiss; fett anzufühlen. — Kaolin. Gibt im Kolben Wasser; wird sehr schön blau durch Kobaltsolution; zerreiblich. — Pyrophyllit. Gibt wenig Wasser; blättert sich v. d. L. und schwillt mit wurmförmiger Bewegung zu schneeweissen Figuren auf; H=1,5; grünlich. — Opal. Rasch m. d. L. erhitzt, verknistert er und wird trübe; gibt im Kolben Wasser: H=5,5—6,5.

Härte über 7: Cordierit. Spurenweise schmelzbar; Trichroismus. — Staurolith: Ganz unschmelzbar, wird jedoch dunkler; gibt eine von Eisen gefärbte Perle; das Pulver wird z. Th. von Schwefelsäure zersetzt. — Smaragd und Beryll. Wird v. d. L. milchweiss; bei sehr hoher Temperatur an dünnen Kanten abgerundet und bildet farblose blasige Schlacke. — Euklas. Schwillt etwas an v. d. L., wird dann weiss und kann in sehr hoher Temperatur zu Email geschmolzen werden. — Phenakit. Verändert sich nicht v. d. L.; durchscheinend. — Zirkon. Verliert v. d. L. seine Farbe; Glasglanz; H = 7,5. — Topas. Der gelb gefärbte wird v. d. L. rosenroth, aber erst nach dem Erkalten; wird Borsäure im Platindrath solange geschmolzen, bis die Flamme nicht mehr grün ist und setzt man dann Topaspulver zu, so wird dieselbe wieder grün. — Andalusit. Wird von Kobaltsolution blau gefärbt. — Uwarowit. Wird v. d. L. schwärzlich grün, aber beim Erkalten wieder heller; mit Borax erhält man grüne Perlen. — Quarz. H=7; Glasglanz, auf dem Bruch Fettglanz.

IX. Mineralien, welche in keine der vorhergehenden Abtheilungen gehören:

Wolframocker WoO^3. — Scheelit (Tungstein) CaO,WoO^3. — Zinnstein SnO^2. — Anatas TiO^2. — Rutil TiO^2. — Brookit (Arkansit) TiO^2. — Aeschinit $(TiO^2.ZrO^2.CaO.CeO)$. — Perowskit CaO,TiO^2. — Pyrochlor $2(2RO,NbO^2)+NaFl$. — Ytterspath $3YO.PO^5$. — Spinell (Zeylanit, Pleonast) MgO,Al^2O^3. — Gahnit ZnO,Al^2O^3. — Diamant. — Wolframit $(Fe,Mn)O,WoO^3$. — Korund (Smirgel, Saphir) Al^2O^3. — Diaspor Al^2O^3,HO. — Yttrotantalit $(TaO^2.YO.CaO)$. — Euxenit $(TiO^2.YO.UO.CeO, CaO)$. — Polymignit $(TiO^2.ZrO^2.YO.FeO.CeO)$. — Chrysoberyll $Be^2O^3, 3Al^2O^3$. — Polykras $(NbO^2.TiO^2.ZrO^2.YO.FeO)$. — Lazulith $2(3MgO, PO^5)+4Al^2O^3,3PO^5+6HO$. — Columbit $(Mn,Fe)O,NbO^2$. — Osminum-Iridium. — Graphit.

Die Phosphorsalzperle wird von Wolfram gefärbt: Wolframocker. Weich; Seidenglanz; gelb; wird v. d. L. schwarz. — Scheelit. Schmilzt sehr schwer; Salzsäure zersetzt das Pulver und lässt einen gelben Rückstand; $H = 4,5$; weiss, gelb, braun; Strich: weiss. — Wolframit. Schmilzt schwer zu einer mit Krystallen bedeckten magnetischen Kugel; löst sich in Salzsäure bis auf einen gelben Rückstand; die Boraxperle wird von Mangan gefärbt; $H = 5,5$; Strich: braun bis schwarz.

Die Phosphorsalzperle wird von Titansäure gefärbt: Anatas. Unschmelzbar; $H = 5,5$; indigblau oder schwarz; Strich: grau. — Rutil. Unschmelzbar; $H = 6,5$; braunroth; Strich: gelb. — Brookit. Wie Anatas; krystallisirt rhombisch. — Aechinit. Unschmelzbar, schwillt aber v. d. L. auf und wird gelb; Strich: gelblichbraun. — Perowskit. Unschmelzbar; Strich: graulichweiss.

Euxenit. Unschmelzbar; $H = 6,5$; Fettglanz; braunschwarz; Strich: röthlichbraun. — Polymignit. Unschmelzbar; $H = 6,5$; Metallglanz; eisenschwarz; Strich: dunkelbraun. — Polykras. Decrepitirt, ist aber unschmelzbar; beim Glühen verglimmt er zu graubrauner Masse; Schwefelsäure löst ihn auf.

Zinnstein. Mit Soda auf Kohle geschmolzen, erhält man feine Zinnflitter; $H = 6,5$; Diamantglanz; Strich: grau.

Pyrochlor. Wird v. d. L. grau; Borax-Oxydationsperle wird rothgelb, Borax-Reduktionsperle dunkelroth; $H = 5,5$; Strich: hellbraun.

Ytterspath. Unschmelzbar; $H = 4,5$; durchscheinend; Fettglanz; braun; Strich: gelblich bis fleischroth.

Spinell. Unschmelzbar: oktaedrisch; $H = 8$; löst sich leicht in Phosphorsalz.

Gahnit. Wie Spinell, löst sich aber in Phosphorsalz fast gar nicht.

Korund. Unschmelzbar und Säuren ohne Wirkung; $H = 9$.

Diaspor. Unschmelzbar; im Kolben heftig decrepitirend und in kleine weisse Schuppen zerfallend, fast glühend gibt er Wasser; $H = 5,5$; gelblichbraun.

Yttrotantalit. Unschmelzbar; gibt etwas Wasser im Kolben, das von Flusssäure sauer reagirt; Säuren ohne Wirkung; $H = 5,5$; Strich: graulichweis.

Chrysoberyll. Unschmelzbar; Säuren ohne Wirkung; $H = 8,5$; grünlich; durchsichtig.

Lazulith. Verliert v. d. L. seine Farbe und ist unschmelzbar; wird von Säuren fast gar nicht angegriffen, nach dem Glühen von denselben fast vollständig gelöst; $H = 5,5$; Strich: weiss.

Columbit. Unschmelzbar; Säuren ohne Wirkung; H=6; Metallglanz; Strich: röthlichbraun bis schwarz.

Osmium-Iridum. Verändert sich nicht v. d. L.; im Kolben mit Salpeter geglüht, gibt es den für Osmium charakteristischen Geruch; H=7.

Graphit. Verbrennt v. d. L.; H=2; abfärbend.

Diamant. H=10.

II.

Tafeln

zur

Bestimmung der Mineralien

durch

physikalische Kennzeichen.

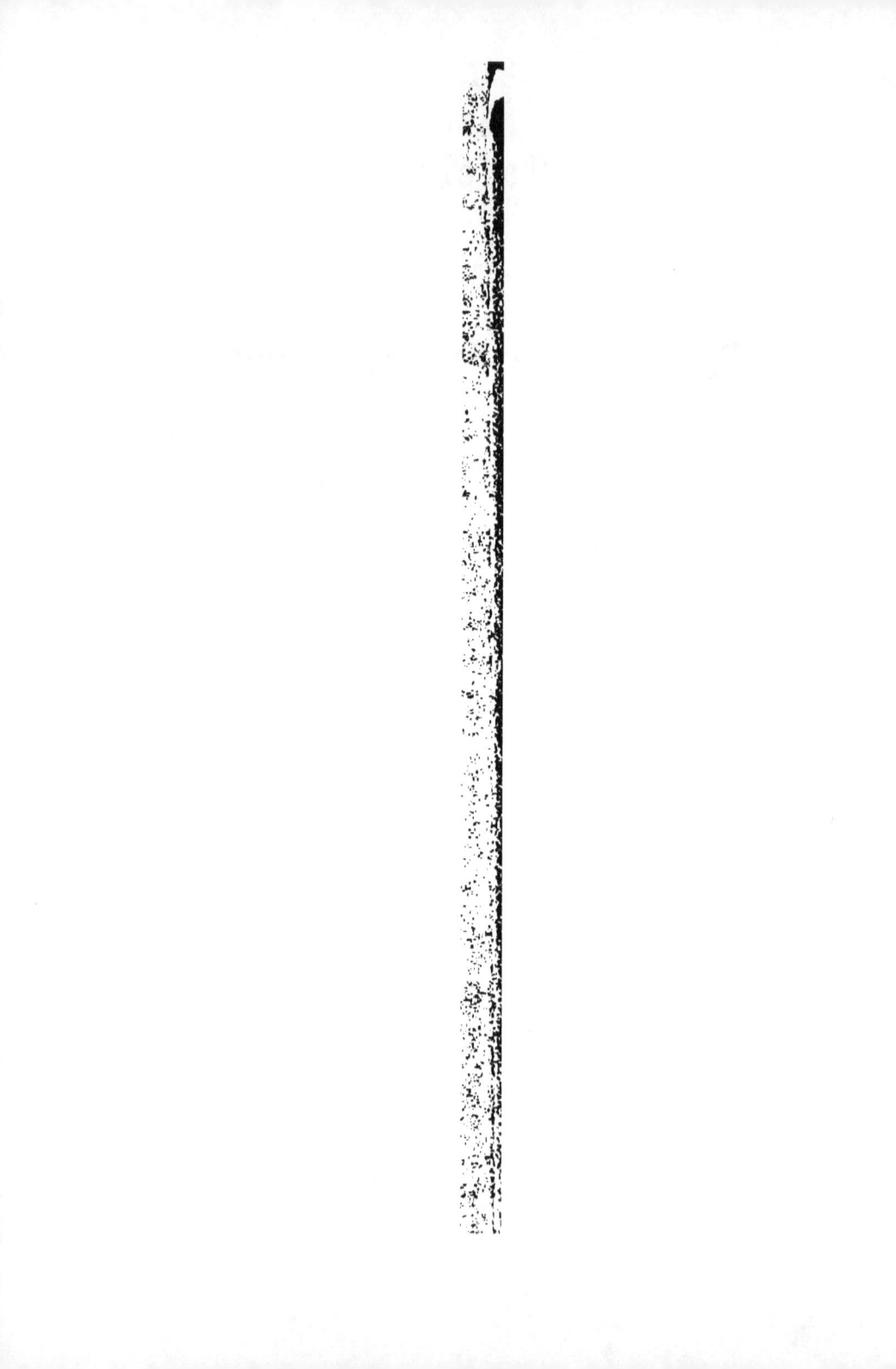

Der Gebrauch dieser Tafeln ergibt sich aus
Einleitung S. 14.

Reguläres

Mineralien

Name	Gewöhnliche Krystallformen	Spaltung oder Bruch	Glanz
Gediegen Eisen	O	nach $\infty O \infty$	Metallglanz
Gediegen Kupfer	$O. \infty O. \infty O \infty$	hackig	Metallglanz
Gediegen Silber	$O. \infty O. \infty O_2. 3O_3$	hackig	Metallglanz
Gediegen Gold	$O. \infty O \infty. \infty O. 3O_3. \infty O_2$	hackig	Metallglanz
Gediegen Platin	$\infty O \infty$. sehr selten	hackig	Metallglanz
Gediegen Palladium	O. sehr klein u. selten	hackig	Metallglanz
Gediegen Iridium	$\infty O \infty. O$	nach $\infty O \infty$ sehr unvollkommen	Metallglanz
Arquerit	O. sehr klein		Metallglanz
Amalgam	$\infty O. 3O_2. O. \infty O \infty. 3O\frac{1}{2}. \infty O_3$	nach ∞O sehr undeutlich	Metallglanz

Krystallsystem.

nit Metallglanz.

Strich	Härte	Spec. Gewicht	Besondere Bemerkungen
grau	4,5	7,5	magnetisch.
glänzend	2,5—3	8,4—8,9	charakteristische kupferrothe Farbe. Dehnbar und geschmeidig.
glänzend	2,5—3	10,1—11,0	silberweiss, oft farbig angelaufen. Die Krystalle meist stark verzerrt.
glänzend	2,5—3	15,6—19,4	charakteristische goldgelbe Farbe. Geschmeidig.
glänzend	4—4,5	17—19	
glänzend	4,5	11,8—12,2	
grau	6,5 - 7	22,4—23,5	sehr selten.
glänzend	1,5—2,5	10,8	silberweiss; geschmeidig und streckbar.
	3—3,5	13,7—14,1	silberweiss. Die Kanten der Krystalle oft abgerundet.

Reguläres Krystallsystem.

Name	Gewöhnliche Krystallformen	Spaltung oder Bruch	Glanz
Eisenplatin	∞O∞ sehr klein	hackig	Metallglanz
Kupferschwärze	gewöhnlich nicht krystallisirt	erdig	Metallglanz
Manganglanz	O. ∞O∞	nach ∞O∞	Metallglanz
Hauerit	O. ∞O∞. ∞O	nach ∞O∞	Metallglanz, aber undeutlich
Nickelwismuthglanz	O. und ∞O∞	nach O	Metallglanz
Tombazit (Eisennickelkies)	∞O∞. O	nach ∞O∞	Metallglanz
Kobaltkies	O. ∞O∞. Zwillinge	nach ∞O∞ und O unvollkommen	Metallglanz
Bleiglanz (Galenit)	∞O∞. O. ∞O. ₂O₂	nach ∞O∞ sehr vollkommen	Metallglanz
Silberglanz	O. ∞O∞. ∞O. ₂O₂.	nach ∞O∞ und ∞O sehr undeutlich	schwacher Metallglanz
Eisenkies (Schwefelkies. Pyrit.)	∞O∞. $\frac{\infty O_2}{2}$. $\left[\frac{3O_2^3}{2}\right]$. $\left[\frac{4O_2}{2}\right]$	nach ∞O∞	Metallglanz

Mineralien mit Metallglanz.

Strich	Härte	Spec. Gewicht	Besondere Bemerkungen
glänzend	6	14,6—15,8	dunkel stahlgrau. Magnetisch
schwachglänzend	3	5,9	
schmutziggrün	3,5—4	3,9—4	etwas spröde.
bräunlichroth	4	3,4	
schwärzlichgrau	4,5	5,1	spröde; hell stahlgrau.
	4,5	6,6	tombakbraun.
dunkelgrau	5,5	5,5—6,3	spröde; zinnweiss.
grauschwarz	2,5	7,4—7,6	bleigrau; milde.
glänzend	2—2,5	7—7,4	bleigrau, meist schwarz oder bunt angelaufen; die Krystalle gewöhnlich verzerrt.
grau	6—6,5	4,9—5,1	gewöhnlich speisgelb, zuweilen bunt angelaufen oder braun durch beginnende Umwandlung zu $Fe^2O^3, 3HO$. Krystalle oft verzerrt.

Reguläres Krystallsystem.

Name	Gewöhnliche Krystallformen	Spaltung oder Bruch	Glanz
Selenbei	$\infty O \infty$	nach $\infty O \infty$	Metallglanz
Speiskobalt (Smaltin)	nach $\infty O \infty . \infty O$	nach $\infty O \infty$ und O spurenweise	Metallglanz
Weisnickelkies	$\infty O \infty . O . \infty O$	nach ∞O undeutlich	Metallglanz
Tesseralkies (Arsenikkobaltkies)	$O . \infty O \infty . \tfrac{1}{2}O_2$	nach $\infty O \infty$	Metallglanz
Glanzkobalt (Kobaltin)	$\infty O \infty . \dfrac{\infty O_2}{2} . O$	nach $\infty O \infty$	Metallglanz
Nickelglanz	$\infty O \infty . O$	nach $\infty O \infty$	Metallglanz
Nickelantimonglanz	$\infty O \infty . O . \infty O$	nach $\infty O \infty$	Metallglanz
Franklinit	$O . \infty O$	nach O unvollkommen	Metallglanz
Magneteisen	$O . \infty O . \tfrac{1}{2}O_2$. Zwillinge	nach O	Metallglanz

Mineralien mit Metallglanz.

Strich	Härte	Spec. Gewicht	Besondere Bemerkungen
grau	2,5—3	8,2—8,8	
dunkelbraun	5,5	6,4—6,6	zinnweiss, zuweilen bunt angelaufen oder schwarz
grauschwarz	5,5	7,2	zinnweiss.
schwarz	5,5—6	6,7—6,8	bleigrau, oft bunt angelaufen.
grau	5,5	6,1—6,3	Krystallflächen ungleich gross; röthlich silberweiss.
grau	5,5	6,1—6,6	lichtbleigrau.
dunkelgrau	5	6,2—6,5	bleigrau bis stahlgrau.
röthlichbraun	6—6,5	5	Krystalle abgerundet; schwarz; magnetisch.
schwarz	5,5—6,5	4,9—5,2	magnetisch; O glatt; ∞O gewöhnlich gestreift.

Reguläres Krystallsystem.

Name	Gewöhnliche Krystallformen	Spaltung oder Bruch	Glanz
Chromeisen	O	nach O unvollkommen	Metallglanz
Buntkupfererz	$\infty O \infty$. O. $2O_2$	nach O unvollkommen	Metallglanz
Fahlerz	O. $\infty O \infty$. ∞O. $\frac{2O_2}{2}$	nach O unvollkommen	Metallglanz
Tennantit	∞O. $\infty O \infty$. $\frac{O}{2}$. $\frac{2O_2}{2}$	nach ∞O unvollkommen	Metallglanz
Zinkkies	$\infty O \infty$	nach $\infty O \infty$ undeutlich	Metallglanz
Dufrenoysit	∞O. $2O_2$		Metallglanz

Mineralien mit Metallglanz.

Strich	Härte	Spec. Gewicht	Besondere Bemerkungen
braun	5,5	4,4—4,5	bisweilen magnetisch.
schwarz	3	4,9—5	kupferroth; gewöhnlich bunt in dunkeln Farben angelaufen
dunkelgrau	3—4	4,5—5,2	oft mit einer Rinde von Eisenkies überzogen.
röthlichgrau	4	4,3-4,5	x0. stark gestreift.
schwarz	4—4,5	4,3—4,5	spröde.
röthlichbraun	2—3	4,4	stahlgrau bis eisenschwarz.

Reguläres

Mineralien

Name	Gewöhn- liche Krystallform	Spaltung oder Bruch	Glanz
Diamant	$O.\ \infty O.\ \infty O\frac{3}{2}.\ 2O.\ 3O\frac{3}{2}$ $\frac{O}{2}.\ \infty O\infty$	nach O	Diamantglanz
Arsenikblüthe	O	nach O	Glasglanz
Senarmontit	O	nach O	Glasglanz
Periklas	O	nach $\infty O\infty$	Glasglanz
Rothkupfererz (Cuprit)	$O.\ \infty O.\ \infty O\infty.\ 2O_2$	nach O	Diamantglanz mit metallischem Schimmer
Flussspath	$O.\ \infty O\infty.\ \infty O.\ \infty O_3.$ $2O_2.\ 4O_2$	nach O	Glasglanz
Salmiak	$O.\ 3O_3$	nach O	Glasglanz
Steinsalz	$\infty O\infty$	nach $\infty O\infty$	Glas- bis Fettglanz

Krystalsystem.

ohne Metallglanz

Strich	Härte	Spec. Gewicht	Besondere Bemerkungen
grauschwarz	10	3,5 3,6	Kanten oft abgerundet und die Flächen gewölbt.
weiss	1,5	3,7	schmeckt süsslich herb (giftig); weiss; durchsichtig.
weiss	2—2,5	5,2	weiss; durchsichtig oder durchscheinend.
weiss	6	3,6—3,7	Krystalle sehr klein; durchsichtig; grün.
bräunlichroth	3,5—4	5,7—6	Cochenillroth; oft mit grünem Ueberzug von Malachit.
weiss	4	3,1	
weiss	1,5—2	1,5	durchsichtig; Geschmack: stechend salzig.
weiss	2	2,1—2,3	durchsichtig; schmeckt salzig.

Reguläres Krystallsystem.

Name	Gewöhnliche Krystallform	Spaltung oder Bruch	Glanz
Chlorsilber	$\infty O\infty . O$	muschelig	Fettglanz
Bromsilber	$O . \infty O\infty$	flachmuschelig	Fettglanz
Embolit	$\infty O\infty . O$	nach $\infty O\infty$	Diamantglanz
Hauerit	$O . \infty O\infty . \infty O . \frac{\infty O_2}{2}$	nach $\infty O\infty$	Diamantglanz
Zinkblende	$\infty O . O . \infty O\infty . \frac{O . 3O_3}{2} . 3O_3$	nach ∞O	Diamantglanz
Rhodizit	$\infty O . \frac{O}{2}$		Glasglanz
Kieselwismuth	$\frac{O}{2} \frac{3O_2}{2} . \infty O\infty$	nach ∞O unvollkommen	Diamantglanz
Spinell	$O . \overline{\infty}O . 3O_3$ Zwillinge	nach O	Glasglanz
Gahnit	$O . \infty O$	nach O	Glasglanz
Chromeisen	O	nach O unvollkommen	Fettglanz
Uranpecherz	O	flachmuschelig	Fettglanz

Mineralien ohne Metallglanz.

Strich	Härte	Spec. Gewicht	Besondere Bemerkungen
stark glänzend	1—1,5	5,5—5,6	durchscheinend; wird am Licht allmählich braun.
gelblich und grünlich	1—2	5,8—6	das grünliche Pulver wird am Licht dunkel und grau.
gelb bis grün	1,5	5,79	oliven- oder spargelgrün.
bräunlichroth	4	3,4	
gelblichweiss bis braun	3,5—4	3,9—4,2	Krystalle meist sehr verzerrt.
	8	3,3	Krystalle klein; grau oder gelblichweiss; durchscheinend.
gelblichgrau	4,5—4	5,9	Krystalle sehr klein.
weiss	8	3,5	roth, blau, grün u. schwarz.
weiss	8	4,3	undurchsichtig; auf dem Bruch Fettglanz.
braun	5,5	4,5	bisweilen magnetisch; schwarz; undurchsichtig.
olivengrün bis bräunlich	5,5	6,5	sehr selten krystallisirt.

Reguläres Krystallsystem.

Name	Gewöhnliche Krystallform	Spaltung oder Bruch	Glanz
Kreittonit	O	muschelig	Glasglanz
Pyrrhit	O		Glasglanz
Perowskit	$\infty O\infty$. O. ∞O	nach $\infty O\infty$	Diamantglanz
Pyrochlor	O. $\infty O\infty$	nach O	Glas- bis Fettglanz
Kali-Alaun	O. $\infty O\infty$. ∞O	nach O	Glasglanz
Ammoniak-Alaun	O. $\infty O\infty$	nach O. undeutlich	Glasglanz
Faujasit	O. Zwillinge	muschelig bis uneben	Glas- bis Diamantglanz
Tritomit	$\frac{O}{2}$	muschelig	Glasglanz
Würfelerz	$\infty O\infty$. $\frac{O}{2}$. ∞O	undeutlich nach $\infty O\infty$	Diamant- Fettglanz
Voltait	O. $\infty O\infty$	uneben	Fettglanz
Borazit	$\infty O\infty$. $\frac{O}{2}$. $\frac{?O_2}{2}$	unvollkommen nach O	Glasglanz

Mineralien ohne Metallglanz.

Strich	Härte	Spec. Gewicht	Besondere Bemerkungen
graugrün	7,5	4,4—4,8	sammetschwarz; undurchsichtig.
	6		selten.
hellgrau	5,5	4,1	
hellbraun	5,5	4,2—4,3	
weiss	2—2,5	1,7—2	süsslich zusammenziehender Geschmack.
weiss	2	1,7	
weiss	7	1,9	durchsichtig bis durchscheinend.
gelblichgrau	5,5	4,1—4,6	die Oberfläche gewöhnlich von einer braunen Rinde bedeckt.
hellgrün bis gelb	2,5	2,9—3	
graugrün			Krystalle meist undeutlich; schwarz.
weiss	7	3	

7

Reguläres Krystallsystem.

Name	Gewöhnliche Krystallform	Spaltung oder Bruch	Glanz
Analcim	$2O2.\ \infty O\infty$	nach $\infty O\infty$ unvollkommen	Glas- bis Perlmutterglanz
Leuzit	$2O2$	nach $\infty O\infty$ sehr unvollkommen	Glasglanz
Glottalit	$O.\ \infty O\infty$		Glasglanz
Granat	$\infty O.\ 2O2.\ 2O\frac{3}{2}$	nach ∞O unvollkommen	Glasglanz
Hauyn	$\infty O.\ \infty O\infty$	nach ∞O	Glasglanz
Lasurstein	∞O	nach ∞O	Glasglanz
Nosean	∞O	nach ∞O	Glasglanz, etwas fettartig
Sodalith	$\infty O.\ \infty O\infty$	nach ∞O	Glasglanz
Tennantit	$\infty O.\ \infty O\infty.\ \dfrac{O}{2}$	nach ∞O unvollkommen	matt
Helvin	$\dfrac{O}{2}$	nach O unvollkommen	Fettglanz

Mineralien ohne Metallglanz.

Strich	Härte	Spec. Gewicht	Besondere Bemerkungen
weiss	5,5	2,1—2,2	stets aufgewachsen.
weiss	5,5—6	2,4—2,5	stets eingewachsen.
weiss	3,5	2,1	
grau	6—7	3,5—4,2	Krystalle oft verzerrt.
bläulichweiss	5,5	2,4—2,5	weiss bis blau.
hell	5,5	2,3—2,5	blau.
weiss	5,5—6	2,2	grau bis schwärzlichbraun.
weiss	5—6	2,3—2,4	
röthlichgrau	4	4,3—4,5	die Kernflächen gestreift.
grauweiss	6—6,5	3,1—3,3	wachsgelb bis zeissiggrün.

Quadratisches

(In diesem System sind zuerst die Randkantenwinkel,

Mineralien

Name	Gewöhnliche Krystallform	Winkel	Spaltung oder Bruch
Rutil	∞P. ∞P∞. P. P∞. ∞P₃	84°40′—123°8′	nach ∞P und ∞P∞
Braunit	P. ₀P. ₂P∞	108°39′—109°53′	nach P
Kupferkies (Chalkopyrit)	P. $\frac{P}{2}$. ₂P∞	108°40′—109°53′	nach ₂P∞
Hausmannit	P. ¼P	117°54′—105°25′	nach ₀P vollkommen, nach P. und P∞ wenig
Fergusonit	P. ∞P	128°28′—100°28′	nach P undeutlich
Blättererz (Nagyagit)	∞P. ∞P∞. ₀P. P	137°52′—97°26′	nach ₀P

Krystallsystem.

ann die Scheitelkantenwinkel der Pyramide angegeben.)

nit Metallglanz.

Glanz	Strich	Härte	Spec. Gew.	Besondere Bemerkungen
diamantartiger Metallglanz	gelbbraun	6—6,5	4,2—4,3	die Prismen gestreift; oft zu Nadeln verzerrt; roth bis braun.
Metallglanz	schwarz	6—6,5	4,8—4,9	Krystalle klein u. glänzend.
Metallglanz	grünlichschwarz	3,5—4	4,1—4,3	Krystalle verzerrt; Zwillinge; messinggelb; oft bunt angelaufen.
Metallglanz	braun	5—5,5	4,7—4,8	stets pyramidal; P. gestreift; andere Pyramiden glatt.
Metallglanz, fettartig	hellbraun	5,5—6	5,8—5,9	
Metallglanz	glänzend	1—1,5	6,8—7,2	dünne Blätter; bleigrau.

Quadratisches

Mineralien

Name	Gewöhn-liche Krystallform	Winkel	Spaltung oder Bruch
Wernerit (Mejonit)	$\infty P.\ P.\ \infty P\infty.\ oP$	63°48'—136°11'	nach $\infty P\infty$ und oP
Melilith (Humboldtilith)	$\infty P.\ \infty P\infty.\ oP.\ P$	65°30'—135°	nach oP
Jodakras (Vesuvian)	$\infty P.\ \infty P\infty.\ P.\ oP.\ P\infty$	74°14'—129°29'	nach ∞P und $\infty P\infty$ unvollkommen
Malakon	$\infty P.\ \infty P\infty.\ P$	82°—124°57'	muschelig
Ytterspath	P	82°—124°	nach ∞P
Zirkon (Hyacinth)	$P.\ \infty P.\ \infty P\infty.\ 3P.\ 3P_3$	82°20'—123°19'	nach P und ∞P unvollkommen
Oerstedtit	$P.\ \infty P.\ \infty P\infty$	84°25'—123°16'	
Rutil	$\infty P.\ \infty P\infty.\ P.\ P\infty.\ \infty P_3$	84°40'—123°8'	nach ∞P und $\infty P\infty$

Krystallsystem.

ohne Metallglanz.

Glanz	Strich	Härte	Spec. Gew.	Besondere Bemerkungen
Glas- oder Fettglanz	weiss	5—5,5	2,6—2,7	die Flächen von ∞P und $\infty P\infty$ gewöhnlich vertikal gestreift.
Glas- oder Fettglanz	gelblichweiss	5—5,5	2,9	gelblich bis braun.
Glasglanz	weiss	6,5	3,3—3,4	die Seitenflächen stark gestreift; sehr regelmässig ausgebildet.
Glasglanz	weiss	6	3,9	auf dem Bruch Fettglanz.
Fettglanz	fleischroth	4,5	4,3—4,5	sehr selten und klein; bräunlich.
Glasglanz mit Diamantschimmer	weiss	7,5	4,4—4,7	roth bis braun; selten grün.
		5,5	3,6	dem Zirkon ähnlich; selten.
Diamantglanz mit metallischem Schimmer	gelbbraun	6—6,5	4,2—4,3	die Prismenflächen vertikal gestreift; oft nadelartig; roth bis braun.

Quadratisches Krystallsystem.

Name	Gewöhnliche Krystallform	Winkel	Spaltung oder Bruch
Zinnerz	$\infty P. P. \infty P\infty. P\infty.$ Zwillinge	87°8'—121°40'	nach ∞P. und $\infty P\infty$ unvollkommen
Edingtonit	$\infty P. P$	87°9'	nach ∞P
Gismondin	$P. \infty P\infty$	92°30'—118°30'	nach P. unvollkommen
Sarkolith	$P. \infty P\infty. oP$	102°54'—112°52'	muschelig
Löweit	P	105°2'—111°44'	nach oP
Romeit	P	110°50'—106°46'	
Scheelit (Tungstein)	$P. 2P\infty. oP. \frac{4P_3}{2}. \frac{3P_3}{2}$	112°2'—108°12'	nach $2P\infty$, weniger deutlich nach P
Bleihornerz	$\infty P\infty. oP. \infty P$	113°48'—97°21'	nach ∞P. und $\infty P\infty$
Apophyllit	$P. \infty P\infty. oP$	121°4'—104°	nach oP.; nach $\infty P\infty$ unvollkommen
Stolzit	$2P. \infty P$	131°25'—99°45'	nach P. unvollkommen
Wulfenit (Gelbbleierz)	$P. \infty P. oP. \frac{1}{2}P$	131°35'—99°40'	nach P

Mineralien ohne Metallglanz.

Glanz	Strich	Härte	Spec. Gew.	Besondere Bemerkungen
Diamantglanz	grau	6—7	6,8—7	Krystalle gewöhnlich kurz säulenförmig oder pyramidal.
Glasglanz	weiss	4—4,5	2,7	Krystalle meist sphenoidisch-hemiedrisch.
Glasglanz	weiss	5—5,5	2,2	
Glasglanz	weiss	5,5—6	2,5	zuweilen mit hemiedrischen Flächen.
Glasglanz	weiss	2,5—3	2,3	Geschmack salzig und zusammenziehend.
		6,5—7	4,6—4,7	Krystalle sehr klein; hyacinthroth bis honiggelb.
Fettglanz	weiss	4,5	6—6,2	Krystalle pyramidal oder tafelartig; grau, gelb, braun; erwärmte Stücke phosphoresciren.
Diamantglanz	weiss	2,5—3	6,6	Krystalle klein, durchsichtig bis durchscheinend.
Glasglanz	weiss	4,5—5	2,3—2,5	auf ∞P. Perlmutterglanz.
Fettglanz	hellgrau	3	7,9—8,1	klein; Oberfläche drusig oder gekrümmt.
Fett- oder Diamantglanz	weiss	3	6,6 6,8	vorherrschend wachs- und honiggelb.

Quadratisches Krystallsystem.

Name	Gewöhnliche Krystallform	Winkel	Spaltung oder Bruch
Kalomel	∞P∞. P. ∞P	135°50′—98°8′	nach ∞P∞
Matlokit	P. oP. P∞	136°19′—97°58′	nach oP undeutlich
Uranglimmer (Chalkolith. Uranit)	P. oP. ∞P	136°30′—97°54′	nach oP
Anatas	P. oP, ½P.∞P∞.P∞	136°36′—97°51′	nach oP. und P
Azorit	P	123°15′	
Orangit	P		muschelich
Gehlenit	∞P		nach oP
Tachyaphaltit	P. ∞P. ∞P∞	110°	unvollkommen muschelig

Mineralien ohne Metallglanz.

Glanz	Strich	Härte	Spec. Gew.	Besondere Bemerkungen
Diamantglanz	weiss	1—2	6,4—6,5	grau.
Diamantglanz		2,5—3	7,2	durchsichtig bis durchscheinend; gelblich.
Glasglanz		1,5—2,5	3—3,6	Krystalle gewöhnlich tafelartig; schwefelgelb u. grün.
Diamantglanz	grau	5,5—6	3,8—3,9	Krystalle pyramidal, selten tafelartig; oP. glatt, P. horizontal gestreift.
Glasglanz		4—4,5		klein; sehr selten.
Glasglanz	hellgelb	4,5	5,3	selten; orangegelb; durchscheinend.
matt	weiss	5,5—6	2,9—3,1	grau oder grünlich
matt	gelblich	5,5	3,6	auf dem Bruch metallischer Glasglanz, röthlichbraun.

Rhombisches

(Bei Prismen sind in diesem System die Winkel der stumpfen Seitenkantenwinkel

Mineralien

Name	Gewöhnliche Krystallform	Winkel	Spaltung oder Bruch
Wismuthglanz (Bismuthin)	$\infty P. \infty \bar{P} \infty . \infty \bar{P} \infty ,$ $\infty \breve{P}_3 . oP$	$\infty P = 91°31'$	nach $\infty \bar{P} \infty$, weniger nach $\infty \breve{P} \infty$
Polianit	$\infty P . oP . \infty P \infty . \breve{P} \infty$	$\infty P = 92°52'$	nach ∞P
Bournonit	$\infty P . oP . \infty \bar{P} \infty ,$ $\infty \breve{P} \infty$	$\infty P = 93°40'$	nach $\infty \bar{P} \infty$ unvollkommen
Pyrolusit (Braunstein)	$\infty P . \infty \bar{P} \infty . \breve{P} \infty .$ $\infty \breve{P} \infty . oP$	$\infty P = 93°40'$	nach ∞P
Enargit	$\infty P . oP . \infty P \infty . \infty \bar{P} \infty$	$\infty P = 97°53'$	nach $\infty P. \infty \bar{P} \infty .$ und $\infty \breve{P} \infty$
Manganit	$\infty P . oP . \infty \breve{P}_2 . \breve{P} \infty$	$\infty P = 99°40'$	nach $\infty \breve{P} \infty$
Columbit (Niobit)	$\infty \bar{P} \infty . \infty \breve{P} \infty . oP .$ $\infty P . 2\breve{P} \infty$	$\infty P = 100°40'$	nach $\infty \bar{P} \infty$

rystallsystem.

nten, bei Pyramiden zuerst die Randkantenwinkel, dann die Seiten-
gegeben.)

it Metallglanz.

Glanz	Strich	Härte	Spec. Gew.	Besondere Bemerkungen
[etallglanz	glänzend	2—2,5	6,5	zuweilen messinggelb oder bunt angelaufen, sonst grau.
[etallglanz	grau	6,5	4,8	hell stahlgrau.
[etallglanz	dunkelgrau	2,5—3	5,7—5,8	stahlgrau bis eisenschwarz.
[etallglanz	schwarz	2 - 2,5	4,5— 4,9	zuweilen abfärbend.
[etallglanz	schwarz	3	4,3	spröde; eisenschwarz.
etallglanz	braun	3,5—4	4,3 4,4	∞P. stark vertikal gestreift.
etallglanz	schwarz	6	5,3—6,4	dick tafelförmig oder breit säulenförmig, bräunlichschwarz bis eisenschwarz.

Rhombisches Krystallsystem.

Name	Gewöhnliche Krystallform	Winkel	Spaltung oder Bruch
Jamsonit	$\infty P. \ \infty \breve{P} \infty . \ oP$	$\infty P = 101^{0}45'$	nach oP und ∞P
Wolframit	$\infty P. \ \infty \bar{P} \infty . \ \tfrac{1}{2}\bar{P}\infty .$ $\bar{P}\infty . \infty \bar{P}_2.$ Zwillinge	$\infty P = 101^{0}45'$	nach $\infty \bar{P}\infty$
Strahlkies (Markasit, Wasserkies)	$\tfrac{1}{2}\bar{P}\infty . \infty P. \ oP \ \tfrac{1}{2}\breve{P}\infty$ $\bar{P}\infty$	$\infty P = 106^{0}5'$	nach ∞P undeutlich
Schrifterz (Sylvanit)	$\infty P. \ \infty \bar{P} \infty, \ \infty \breve{P} \infty.$ $oP. \ P.$	$\infty P = 110^{0}48'$	nach $\infty \bar{P}\infty$ u. $\infty \breve{P}$
Arsenikkies (Mispickel)	$\infty P. \tfrac{1}{2}\breve{P}\infty.$ Zwillinge	$\infty P = 111^{0}12'$	nach ∞P
Lievrit	$\infty P. \ P. \ \bar{P}\infty$	$\infty P = 111^{0}12'$	muschelig
Glaukodot	$\infty P. \ \tfrac{1}{2}\breve{P}\infty$	$\infty P = 112^{0}36'$	nach oP.; nach ∞ undeutlich
Melanglanz (Sprödglaserz)	$\infty P. \ oP. \infty \bar{P}\infty . \ _2\bar{P}\infty$	$\infty P = 115^{0}39'$	nach $\tfrac{1}{2}\breve{P}\infty$ u. $\infty \bar{P}$ unvollkommen
Cerussit (Weissbleierz)	$P'. \ _2\breve{P}\infty. \ \infty P$ Zwillinge	$\infty P = 117^{0}14'$	nach ∞P. und $\bar{P}$

Mineralien mit Metallglanz.

Glanz	Strich	Härte	Spec. Gew.	Besondere Bemerkungen
Metallglanz	glänzend	2,5	5,5—5,7	lang säulenförmig.
metallartiger Diamantglanz	schwarz	5—5,5	7,1—7,5	kurz säulenförmig, seltener tafelartig; monoklinoedrischer Habitus, indem P. und ǀP∞ mit der Hälfte ihrer Flächen auftreten.
Metallglanz	grünlichgrau	6—6,5	4,6—4,8	oP. und P̆∞ horizontal gestreift; häufig Zwillinge und Vierlinge; speisgelb; grünlich speisgelb.
Metallglanz	glänzend	1,5—2	7,9—8,3	stahlgrau, zinnweiss; licht speisgelb.
Metallglanz	schwarz	5,5—6	6—6,2	die Krystalle tafelartig oder kurz säulenförmig; ǀP∞ stark gestreift; silberweiss, gelblich oder bunt.
Metallglanz	schwarz	5,5—6	3,8—4,1	schwarz bis braun; ∞P. stark gestreift.
Metallglanz	grauschwarz	5	5,9—6	
Metallglanz	glänzend	2—2,5	6,2—6,3	eisenschwarz.
Metallglanz	weiss	3,5	6,4	grau bis schwarz.

Rhombisches Krystallsystem.

Name	Gewöhnliche Krystallform	Winkel	Spaltung oder Bruch
Kupferglanz	$\infty P\infty . \infty \bar{P}\infty . 0P . \tfrac{1}{2}P$	$\infty P = 119° 35'$	nach ∞P unvollkommen
Silberkupferglanz	$\infty P . \infty \bar{P}\infty . 0P . \tfrac{1}{2}P$	$\infty P = 119°35'$	flachmuschelig
Geokronit	$\infty P . \infty \bar{P}\infty$	$\infty P = 119°44'$	nach ∞P
Antimonsilber	$\infty P . \infty \bar{P}\infty . 0P$	$\infty P = 120°$	nach $0P.$; nach ∞ unvollkommen.
Zinkenit	$\infty P . \bar{P}\infty . $ Drillinge	$\infty P = 120°39'$	nach ∞P. unvollkommen
Yttrotantalit	$\infty P . \infty \bar{P}\infty . 0P$	$\infty P = 121°48'$	muschelig
Arseneisen	$\infty P . \bar{P}\infty$	$\infty P = 122°26'$	nach $0P.$; $\bar{P}\infty$ unvollkommen
Tantalit	$\infty \bar{P}\infty . \infty \bar{P}\infty . \infty P$	$\infty P\ 122°45'$	muschelig
Chloantit	$\infty P . \bar{P}\infty$	$\infty P = 123°3'$	uneben
Aeschynit	$\infty P . 2\bar{P}\infty$	$\infty P\ 128°6'$	etwas muschelig
Dimagnetit	$\infty P . 0P.$	$\infty P = 130°$	nach ∞P

Mineralien mit Metallglanz.

Glanz	Strich	Härte	Spec. Gew.	Besondere Bemerkungen
Metallglanz	schwarz	2,5—3	5,5—5,7	tafel- oder kurz säulenförmig; oP. gestreift; stahlgrau, oft blau angelaufen.
Metallglanz	schwarz	2,5—3	6,2	dunkelbleigrau.
Metallglanz	unverändert	2—3	5,8	lichtbleigrau.
Metallglanz	glänzend	3,5	9,4—9,8	silberweiss, oft gelb oder schwarz.
Metallglanz	glänzend	3—3,5	5,3	∞P. mit starker Streifung|; stahlgrau.
Metallglanz	grau	5,5	5,3—5,8	selten und undeutlich; braun-, schwarz.
Metallglanz	dunkelgrau	5—5,5	7—7,2	silberweiss bis stahlgrau.
Metallglanz aber fettartig	braun	6—6,5	7—8	eisenschwarz.
Metallglanz	unverändert	5,5	7,1—7,2	zinnweiss.
nur auf dem Bruch metallglänzend	gelblichbraun	5,5	5,1—5,2	sehr selten; eisen- bis braunschwarz.
Metallglanz	glänzend	5,5	5,7	polar-magnetisch.

Rhombisches Krystallsystem.

Name	Gewöhnliche Krystallform	Winkel	Spaltung oder Bruch
Kupferantimonglanz	$\infty P\infty$. ∞P	$\infty P = 135°12'$	nach $\infty \bar{P}\infty$; nach $_0P$ unvollkommen
Polykras.	∞P . $\infty \breve{P}\infty$. P	$\infty P = 140°$	muschelig
Polymignit	$\infty \bar{P}\infty$. $\infty \breve{P}\infty$. P . ∞P	$P = 80°16'-136°28'$	muschelig
Skleroklas	$_0P$ $\infty \bar{P}\infty$. $\infty \breve{P}\infty$. P	$P = 105°3'$ $91°22'-135°46'$	nach $_0P$
Antimonglanz (Grauspiessglanz)	∞P . P . $\infty \breve{P}\infty$. $_2\breve{P}_2$	$P = 110°58'$ $109°16'-108°10'$	nach $\infty \bar{P}\infty$
Sternbergit	P . $_0P$	$P = 128°49'$ $118°-84°28'$	nach $_0P$
Düfrenoysit	$_0P$. $\infty \bar{P}\infty$. $\infty \breve{P}\infty$. P	$P = 131°50'$ $96°31'-102°41'$	nach $_0P$

Mineralien mit Metallglanz.

Glanz	Strich	Härte	Spec. Gew.	Besondere Bemerkungen
Metallglanz	schwarz	3,5	4,7	tafelartig; bleigrau bis schwarz.
Metallglanz	graubraun	5—6	5,1	durch $\infty \bar{P} \infty$ tafelartig; schwarz.
Metallglanz	braun	6,5	4,7—4,8	selten; klein und dünn; eisenschwarz.
Metallglanz	röthlichbraun	3	5,3	im weissen Dolomit des Binnenthals.
Metallglanz	unverändert	2	4,6—4,7	säulenförmig; ∞P. stark gestreift; P. oft zugerundet; bleigrau oder bunt angelaufen.
Metallglanz	schwarz	1—1,5	4,2	tombakbraun, oft violblau angelaufen.
Metallglanz	röthlichbraun	3	5,5	dicke rektanguläre Tafeln; spröde und zerbrechlich; in dem weissen Dolomit des Binnenthals.

Rhombisches

Mineralien

Name	Gewöhn-liche Krystallform	Winkel	Spaltung oder Bruch
Bittersalz (Epsomit)	$\infty P. \ P. \ \dfrac{P}{2}$	$\infty P. = 90°38'$	nach $\infty \breve{P} \infty$
Thomsonit	$\infty P\infty . \infty \bar{P}\infty . \infty P . \ \'oP$	$\infty P. = 90°40'$	nach $\infty \breve{P} \infty$ u. $\infty \bar{P}\infty$
Zinkvitriol	$\infty P. \ P. \ \infty \bar{P}\infty.$	$\infty P. = 90°42'$	nach $\infty \breve{P} \infty$
Andalusit	$\infty P. \ \'oP. \ \bar{P}\infty$	$\infty P. = 90°44'$	nach ∞P
Mesotyp (Natrolith)	$\infty P. \ P$	$\infty P. = 91°$	nach ∞P
Chiastolith	∞P	$\infty P. = 91°50'$	uneben
Libethenit	$\infty P. \ \breve{P}\infty . \ P$	$\infty P. = 92°20'$	nach $\infty \breve{P} \infty$ u. $\infty \bar{P}\infty$ unvollkommen
Olivenit	$\infty P. \ \breve{P}\infty . \ \infty \bar{P}\infty$	$\infty P. = 92°30'$	nach ∞P und $\infty \breve{P}\infty$ unvollkommen
Caledonit	$\infty P. \ \infty \breve{P}\infty . \ \'oP$	$\infty P. = 95°$	nach ∞P unvollkommen

Krystallsystem.

ohne Metallglanz.

Glanz	Strich	Härte	Spec. Gew.	Besondere Bemerkungen
Glasglanz	weiss	2—2,5	1,7—1,8	salzig und bitter.
Glasglanz	weiss	5—5,5	2,3	meist vertikal gestreift.
Glasglanz	weiss	2—2,5	1,9—2,1	Geschmack zusammenziehend; selten krystallisirt in der Natur.
Fettglanz	weiss	7,5	3,1—3,2	Gewöhnlich mit Glimmer bedeckt.
Glasglanz	weiss	5—5,5	2,1—2,2	Oft nadelförmig; ∞P gestreift.
Glasglanz oder matt	grau	5—5,5	2,9—3,1	in Thonschiefer, welcher auch eine centrale Ausfüllung bildet und in dünnen Lamellen eingewachsen ist, was auf dem Querbruch sichtbar ist.
Fettglanz	gelblichgrün	4	3,6—3,8	Krystalle klein; olivengrün bis schwärzlichgrün.
Glass-, Fett- und Seidenglanz	grün bis braun	3	4,2—4,6	Krystalle klein und oft gekrümmt.
Fettglanz	grünlichweiss	2,5—3	6,4	lang säulenförmig, gestreift; dunkelgrün.

Rhombisches Krystallsystem.

Name	Gewöhnliche Krystallform	Winkel	Spaltung oder Bruch
Prehnit	$oP.\ \infty P.\ \infty \breve{P} \infty$	$\infty P. = 99°56'$	nach $oP.$ und $\infty P.$ undeutlich
Haidingerit	$\infty P,\ \infty \bar{P} \infty,\ \infty \breve{P} \infty,$ $\bar{P} \infty,\ \bar{P} \infty$	$\infty P. = 100°$	nach $\infty \breve{P} \infty$
Anhydrit (Karstenit)	$\infty P. \breve{P} \infty,\ oP,\ \infty \breve{P} \infty,$ $\infty \bar{P} \infty$	$\infty P. = 100°30'$	nach $oP,\ \infty \breve{P} \infty,$ $\infty \bar{P} \infty$
Auripigment	$\infty P_2,\ P \infty,\ \infty \breve{P} \infty$	$\infty P. = 100°40'$	nach $\infty \breve{P} \infty$
Columbit (Niobit)	$\infty \bar{P} \infty,\ \infty \breve{P} \infty,\ oP,$ $\infty P,\ {}_2 \breve{P} \infty.$	$\infty P. = 100°40'$	nach $\infty \bar{P} \infty$
Hopeit	$\infty \breve{P} \infty,\ \infty \bar{P} \infty,\ \infty P,$ $P,\ \bar{P} \infty$	$\infty P. = 101°21'$	nach $\infty \bar{P} \infty$
Schwerspath	$\infty P,\ oP,\ \tfrac{1}{2} \bar{P} \infty,\ \bar{P} \infty$	$\infty P. = 101°40'$	nach ∞P und oP
Wolframit	$\infty P\ \infty \breve{P} \infty,\ \tfrac{1}{2} \bar{P}.$ $\infty \breve{P} \infty,\ \infty \bar{P}_2,\ {}_2 \bar{P}_2$	$\infty P. = 101°45'$	nach $\infty \breve{P} \infty$
Mendipit	∞P	$\infty P. = 102°36'$	nach ∞P
Bleivitriol (Anglesit)	$\infty P,\ \tfrac{1}{2} \bar{P} \infty,\ oP,\ \infty \breve{P} \infty$	$\infty P. = 103°43'$	nach $\infty P.$ und oP
Kieselzink (Galmei)	$\infty \breve{P} \infty,\ \infty P,\ oP$	$\infty P. = 103°50'$	nach ∞P und $\bar{P} \infty$

Mineralien ohne Metallglanz.

Glanz	Strich	Härte	Spec. Gew.	Besondere Bemerkungen
Glasglanz	weiss	6−7	2,8−3	auf oP Perlmutterglanz; ∞P. horizontal gestreift.
Glasglanz	weiss	2−2,7	2,8	
Glasglanz	graulichweiss	3−3,5	2,7−2,8	
Fettglanz	unverändert	1,5−2	3,4−3,5	citron- bis pomeranzengelb.
Diamantglanz aber metallartig	schwarz	6	5,3−6,5	breit säulenförmig; dunkelbraun bis eisenschwarz.
Perlmutterglanz	weiss	2−5,3	2,7	graulichweiss
Glas- oder Fettglanz	weiss	3−3,5	4,3−4,5	Krystalle tafelartig oder säulenförmig durch $\frac{1}{4}\bar{P}\infty$.
Diamantglanz	schwarz	5−5,5	7,1−7,5	hemiedrische Formen und dadurch scheinbar monoklin; braunschwarz.
Diamantglanz	weiss	2−5,3	7	gelblichweiss; selten.
Diamantglanz	hellgrau	3	6,2−6,4	sehr spröde.
Glasglanz	weiss	5	3−3,5	durch vorherrschen von $\infty\breve{P}\infty$. gewöhnlich dünn tafelartig; wenn beide Enden ausgebildet sind, oft hemimorph.

Rhombisches Krystallsystem.

Name	Gewöhnliche Krystallform	Winkel	Spaltung oder Bruch
Cölestin	$\breve{P}\infty . \infty P . _0P \frac{1}{4}\breve{P}\infty$	$\propto P = 104°2'$	nach $_0P$. und ∞P
Brochantit	$\infty P . \propto \breve{P}\infty . \breve{P}\infty . \bar{P}\infty$	$\propto P = 104°10'$	nach $\propto \breve{P}\infty$
Königit	$\infty P . _0P . \infty \bar{P}\infty$	$\infty P = 105°$	nach P
Amblygonit	∞P	$\propto P = 106°10'$	nach ∞P
Mascagnin	$\infty P . \propto \breve{P}\infty . P$	$\infty P = 107°40'$	nach $\infty \bar{P}\infty$
Thermonatrit	$\infty \breve{P}\infty . \propto \breve{P}_2 . \breve{P}\infty$	$\infty P = 107°50'$	nach $\infty \breve{P}\infty$
Lievrit	$\infty P . P . \bar{P}\infty . \infty \breve{P}_2$	$\propto P = 111°12'$	muschelig
Karpholith	$\infty P . \propto \bar{P}\infty . \infty \breve{P}\infty . _0P$	$\propto P = 111°27'$	
Atakamit	$\infty P . \breve{P}\infty . \infty \breve{P}\infty$	$\infty P = 112°45'$	nach $\infty \breve{P}\infty$
Polyhallit	$\infty \bar{P}\infty . \infty P . _0P$	$\infty P = 115°$	nach ∞P
Aragonit	$\infty P . \infty \bar{P}\infty . \breve{P}\infty . P .$ Zwillinge	$\infty P = 116°10'$	nach $\propto \bar{P}\infty$

Mineralien ohne Metallglanz.

Glanz	Strich	Härte	Spec. Gew.	Besondere Bemerkungen
Glasglanz	weiss	3—3,5	3,3—3,5	
Glasglanz	grün	3,5	3,7—3,9	smaragd- bis schwärzlichgrün.
Glasglanz	smaragdgrün	1,5—2		grün.
Glasglanz	weiss	6	3,1	grünlichweiss, berggrün; Krystalle undeutlich.
Glasglanz	unverändert	2—2,5	1,7	scharf und bitter schmeckend.
Glasglanz	weiss	1,5—4	1,6	selten krystallisirt; schmeckt alkalisch.
Fettglanz	schwarz	5,5—6	3,8—4,1	vertikal gestreift; bräunlich schwarz.
Perlmutterglanz	weiss	5	2,9	strohgelb; Krystalle sehr klein; haarförmig.
Glasglanz	apfelgrün	3—3,5	4—4,3	grün; Krystalle selten.
Perlmutterglanz	röthlichweiss	3,5	2,7	durchscheinend; röthlich oder grau; Krystalle selten.
Glasglanz	weiss	3,5—4	2,9—3	auch Drillinge und Vierlinge kommen vor.

Rhombisches Krystallsystem.

Name	Gewöhnliche Krystallform	Winkel	Spaltung oder Bruch
Cerussit (Weissbleierz)	$\infty P. P. \, _2\breve{P}\infty . \, \infty\bar{P}\infty$ Zwillinge	$\infty P = 117°13'$	nach $\infty P.$ u. $\infty\bar{P}\infty$
Strontianit	$\infty P. \infty\bar{P}\infty . \, _0P. P$	$\infty P = 117°19'$	nach ∞P
Euchroit	$\infty P. \, \infty\breve{P}_2. _0P. \breve{P}\infty$	$\infty P = 117°20'$	nach $\infty P.$; nach $\breve{P}\infty$ unvollkommen
Witherit	$\infty P. \, \infty\breve{P}\infty . \, _2\breve{P}\infty$	$\infty P = 118°30'$	nach ∞P
Fischerit	$\infty P. \infty\breve{P}\infty . \, _0P$	$\infty P = 118°32'$	spröde
Cotunnit	$\infty P. \bar{P}\infty$	$\infty P = 118°38'$	
Alstonit	$P. \, _2\bar{P}\infty . \infty P$	$\infty P = 118°50'$	nach ∞P
Kalisalpeter	$\infty P. \infty\breve{P}\infty . P. \, _2\bar{P}\infty$	$\infty P = 119°$	nach $\infty\breve{P}\infty$ u. $\infty P.$ undeutlich
Cordierit	$\infty P. \infty\breve{P}\infty . _0P. \, _2\bar{P}\infty$	$\infty P = 119°10'$	nach $\infty P\infty$
Lirokonit (Linsenerz)	$\infty P. \bar{P}\infty$	$\infty P = 119°20'$	nach ∞P unvollkommen
Leadhillit	$\infty P. _0P. \infty\breve{P}\infty . P$	$\infty P = 120°20'$	nach $_0P$

Mineralien ohne Metallglanz.

Glanz	Strich	Härte	Spec. Gew.	Besondere Bemerkungen
Diamantglanz	weiss	3,5	6,4	gewöhnlich weiss oder grau.
Glasglanz	weiss	3,5	3,6—3,7	auf dem Bruch Fettglanz.
Glasglanz	spangrün	3,5—4	3,3 - 3,4	spröde; ∞P gestreift; grün.
Glasglanz	weiss	3—3,5	4,2—4,3	Krystalle selten; auf dem Bruch Fettglanz.
Glasglanz	weisslich	5	2,4	grünlich; selten.
Diamantglanz	weiss	1,5	5,2	gewöhnlich nadelförmig; durchsichtig; farblos oder weiss.
Fettglanz	graulichweiss	4—4,5	3,6—3,7	gewöhnlich einer hexagonalen Pyramide ähnlich; selten.
Glasglanz	weiss	2	1,9—2	schmeckt salzig und kühlend.
Glasglanz	weiss	7—7,5	2,5—2,7	auf dem Bruch Fettglanz; schöner Trichoismus, auf oP blau, auf ∞P∞ grau u. auf $\infty \breve{P} \infty$ gelblich.
Fettglanz	hellgrün	2 - 2,5	2,8—3	Seitenflächen gestreift; himmelblau bis spangrün.
Fettglanz auch Diamant- oder Perlmutterglanz	weiss	2,5	6,2—6,4	tafelartig; selten.

Rhombisches Krystallsystem.

Name	Gewöhn-liche Krystallform	Winkel	Spaltung oder Bruch
Glaserit	∞P. $\infty \breve{P} \infty$. oP	$\infty P = 120°24'$	nach oP unvollkommen
Okenit	∞P. $\infty \breve{P} \infty$. oP	$\infty P = 122°19'$	
Topas	∞P. $\infty \breve{P}2$. P. $2\breve{P}\infty$ oP	$\infty P = 124°19'$	nach oP
Thenardit	∞P. P. oP	$\infty P = 125°$	nach oP. und ∞P
Wavellit	∞P. $\infty \breve{P}\infty$. $\bar{P}\infty$	$\infty P = 126°25'$	nach ∞P und $\bar{P}\infty$
Peganit	∞P. oP. $\infty \breve{P}\infty$	$\infty P = 127°$	
Aeschynit	∞P. $2\bar{P}\infty$. oP. $\infty \breve{P}\infty$	$\infty P = 127°19'$	nach $\infty \bar{P}\infty$
Staurolith	∞P. $\infty \breve{P}\infty$. oP. $\infty P\infty$	$\infty P = 129°26'$	nach $\infty \breve{P}\infty$
Diaspor	$\infty P\infty$. ∞P. $\infty \breve{P}3$. oP	$\infty P = 129°47'$	nach $\infty \breve{P}\infty$
Olivin (Chrysolith)	$\infty \bar{P}\infty$. ∞P. $\bar{P}\infty$. P. oP. $2\bar{P}\infty$. $\infty \breve{P}2$	$\infty P = 130°2'$	nach $\infty \breve{P}\infty$
Nadeleisenerz (Göthit)	∞P. $\infty \breve{P}\infty$. $\bar{P}\infty$. $\infty \bar{P}\infty$	$\infty P = 130°40'$	nach $\infty \breve{P}\infty$

Mineralien ohne Metallglanz.

Glanz	Strich	Härte	Spec. Gew.	Besondere Bemerkungen
Glasglanz	weiss	2,5—3	1,7	schmeckt salzig bitter.
Perlmutter-glanz	weiss	4,5—5	2,2	nadelförmig; weisslich.
Glasglanz	weiss	8	3,4—3,6	wird durch Erwärmen polar-elektrisch; oP und $\bar{P}\infty$ glatt; die Prismen gestreift; gelb bis weiss.
Glasglanz	weiss	2,5	2,7	wasserhell; wird erdig an der Luft.
Glasglanz	weiss	3,5—4	2,2—2,4	
Glasglanz	weiss	3—4	2,4—2,5	selten.
Fettglanz	gelblichbraun	5,5	5,1—5,2	selten; auf dem Bruch Metallglanz; braunschwarz.
Glasglanz	weisslich	7—7,5	3,5—3,5	gewöhnlich Zwillinge, deren Hauptaxen entweder rechtwinklig sind, oder sich unter einem Winkel von nahezu 60° schneiden.
Perlmutter- oder Glasglanz	weiss	6	3,3—3,4	gelblich.
Glasglanz	weiss	6,5—7	3,3—3,5	gelblichgrün.
Diamantglanz	gelblichbraun	4,5—5,5	3,8—4,2	röthlichbraun.

Rhombisches Krystallsystem.

Name	Gewöhnliche Krystallform	Winkel	Spaltung oder Bruch
Epistilbit	∞P. $\bar{P}\infty$. $\breve{P}\infty$	∞P. $= 135°10'$	nach $\propto \breve{P}\infty$
Mengit	$\propto$P. $\propto\breve{P}\infty$. $\propto\breve{P}$₂. P	$\propto$P. $= 136°20'$	uneben
Antimonblüthe	$\propto\breve{P}\infty$. $\propto$P. $\breve{P}\infty$	$\propto$P. $= 136°58'$	nach $\propto$P
Talk	rhombische Blättchen		nach oP
Phillipsit	$\propto\breve{P}\infty$. $\propto\bar{P}\infty$. P Zwillinge	P $= 90°$ $120°42'-119°18'$	nach $\infty\breve{P}\infty$ u. $\infty\bar{P}\infty$
Harmotom (Kreuzstein)	$\infty\breve{P}\infty$. $\propto\bar{P}\infty$. P Zwillinge	P $= 91°6'$ $121°6'-119°4'$	nach $\propto\breve{P}\infty$ u. $\propto\bar{P}\infty$
Tantalit	$\propto$P∞. $\propto\bar{P}$; $\propto\breve{P}\infty$ $\bar{P}\infty$	P $= 91°42'$ $126°-112°30'$	muschelig
Brookit	$\propto\breve{P}\infty$. P. $\propto\breve{P}$₂	P $= 94°44'$ $136°47'-101°37'$	nach $\propto\bar{P}\infty$
Arkansit	wie Brookit	wie Brookit	nach $\propto\bar{P}\infty$
Stilbit	$\infty\breve{P}\infty$. $\infty\bar{P}\infty$. P. oP	P $= 96°$ $119°16'-114'$	nach $\infty\breve{P}\infty$, weniger nach $\propto$P∞
Childrenit	P. ₂$\bar{P}\infty$. $\infty\breve{P}\infty$	P $= 97°52'$ $130°4'-102°41'$	nach P

Mineralien ohne Metallglanz.

Glanz	Strich	Härte	Spec. Gew.	Besondere Bemerkungen
Glasglanz	weiss	3,5—4	2,2—2,3	auf Spaltungsflächen Perlmutterglanz.
Glasglanz	braun	5—5,5	5,4	Krystalle klein und undeutlich; eisenschwarz.
Diamantglanz	weiss	2,5—3	5,5—6	auf $\infty \breve{P} \infty$. Perlmutterglanz; weiss bis grau.
Perlmutter- bis Fettglanz	weiss	1,1—5	2,5—2,7	fett anzufühlen.
Glasglanz	weiss	4,5	2,1—2,2	Krystalle klein; durchsichtig; weiss.
Glasglanz	weiss	4,5	2,4	
Diamant- oder Fettglanz	braun	6—6,5	7—8	eisenschwarz.
Diamantglanz	weiss	5,5—6	4,1	vertikal tafelartig; braun.
Diamantglanz	weiss	5,5—6	3,8—3,9	pyramidal; eisenschwarz.
Glasglanz	weiss	3,5—4	2,1—2,2	auf $\infty \breve{P} \infty$. Perlmutterglanz; gewöhnlich garben- oder büschelförmig gruppirt.
Glasglanz	gelblich	5	2,2	Krystalle klein; gelb bis braun.

Rhombisches Krystallsystem.

Name	Gewöhnliche Krystallform	Winkel	Spaltung oder Bruch
Herderit	P. $\infty \breve{P}$½ $\bar{P}\infty$	P = 102°38' 141°16'—77°20'	muschelig
Chrysoberyll	$\infty \bar{P}\infty$. $\infty \breve{P}\infty$. $\bar{P}\infty$. P $\infty \breve{P}_2$. $\infty \breve{P}_3$	P = 107°29' 139°53'—86°16'	nach $\infty \bar{P}\infty$. unv. kommen
Skorodit	P. $\infty \bar{P}\infty$. $\infty \breve{P}\infty$. $\infty \breve{P}_2$	P = 110°58' 114°34'—103°5'	nach ∞P
Schwefel	P. 0P. ½P. ∞P. $\infty \bar{P}\infty$. $\breve{P}\infty$	P = 143°17' 106°38'—84°58'	nach 0P. und ∞ unvollkommen
Fluellit	P. 0P	P = 144° 109°6'—82°12'	
Humit	0P. P. ½P	P = 146°10' 131°34'—54°28'	
Euxenit	∞P. P. $\bar{P}\infty$	stumpfe Scheitelkanten 152°	muschelig.

Mineralien ohne Metallglanz.

Glanz	Strich	Härte	Spec. Gew.	Besondere Bemerkungen
Fettglanz	weiss	5	2,9	
Glasglanz	weiss	8,5	3,6—3,8	auf $\infty \breve{P} \infty$ und $\breve{P} \infty$ blauer Lichtschein; Trichroismus.
Glasglanz	grünlichweiss	3,5—4	3,1—3,3	Krystalle klein; gewöhnlich grün oder bräunlich.
Fettglanz	weisslich	1,5 - 2,5	1,9—2,1	sehr spröde; schwefelgelb.
Glasglanz	weiss			sehr selten.
fettartiger Glasglanz	weiss			
Fettglanz	röthlichbraun	6,5	4,6	braunschwarz; selten.

Monoklines

(Die angegebenen Winkel sind in diesem System

Mineralien

Name	Gewöhn- liche Krystallform	Winkel	Spaltung oder Bruch
Miargyrit	$\infty P. \ oP. \ P.\infty \ \infty P\infty$	$\infty P = 89°38'$	undeutlich muschelig
Schilfglaserz	$\infty P. (P\infty). \ \text{Zwillinge}$	$\infty P = 99°8'$	nach ∞P
Plagionit	$oP. -_2P. -P.\infty P\infty$	$\infty P = 107°32'$	nach $-_2P$

Mineralien

Name	Gewöhn- liche Krystallform	Winkel	Spaltung oder Bruch
Phosphorocalcit	$\infty P_2. \ P. \ oP. \ \infty P\infty$	$\infty P = 38\ 56'$	nach $\infty P\infty$ unvollkommen
Trona	$oP. \ \infty P\infty . \ \infty P$	$\infty P = 47°30'$	nach $\infty P\infty$
Klinoklas	$\infty P. \ oP\frac{1}{2}. \ P\infty$	$\infty P = 56°$	nach oP
Huraulit	$\infty P. \ P\infty. \ oP. \ P$	$\infty P = 61°$	muschelig

Krystallsystem.

lie der Mittelseiten an den Prismen).

mit Metallglanz.

Glanz	Strich	Härte	Spec. Gew.	Besondere Bemerkungen
Metallglanz	kirschroth	2,5	5,3—5,4	bleigrau in eisenschwarz übergehend.
Metallglanz	unverändert	2—2,5	6—6,4	stahl- oder bleigrau.
Metallglanz	unverändert	2,5	5,4	bleigrau.

ohne Metallglanz.

Glanz	Strich	Härte	Spec. Gew.	Besondere Bemerkungen
Fettglanz	spangrün	5	4,1—4,3	Krystalle klein; oft glasglänzend; grün.
Glasglanz	weiss	2,5—3	2,1—2,2	Geschmack alkalisch.
Glasglanz	bläulichgrün	2,5—3	4,2—4,3	auf Spaltungsflächen Perlmutterglanz; grün.
Glasglanz	unverändert	3,5—4	2,2	Krystalle sehr klein; gelbroth bis rothbraun.

Monoklines Krystallsystem.

Name	Gewöhnliche Krystallform	Winkel	Spaltung oder Bruch
Linarit	∞P. P∞. ∞P∞. oP	∞P = 61°	nach ∝P∞
Johannit	oP. ∞P∞. ∞P	∞P = 69°	nach ∞P
Realgar	∞P. oP. ∝P₂. P	∝P = 74°26'	nach oP. u. (∝P∞)
Soda (Natron)	∝P. P. ∝P∞	∞P = 76°28'	nach ∝P∞
Kobaltvitriol	∞P. oP. P∞	∝P = 82°20'	uneben
Eisenvitriol	∝P. oP. ∞P∞. P∞	∞P = 82°22'	nach oP.; nach ∞P weniger deutlich
Brognartin	P. —P. ∞P	∞P = 83°20'	nach oP., nach∞P, unvollkommen
Leonhardit	∝P. oP	∝P = 83°30'	nach ∞P. und oP. undeutlich
Wollastonit	∞P	∝P = 84°25'	nach oP. und ∝P∞
Barytocalcit	∞P. P. ∝P₃	∝P = 84°52'	nach P. und ∝P
Laumontit	∞P. oP. ∝P∞	∝P = 86°16'	nach ∝P∞

Mineralien ohne Metallglanz.

Glanz	Strich	Härte	Spec. Gew.	Besondere Bemerkungen
Diamantglanz	blassblau	2,5,—3	5,3—5,4	lasurblau; durchscheinend.
Glasglanz	zeisiggrün	2—2,5	3,1	sehr klein; grasgrün; bitter schmeckend.
Fettglanz	pomeranzengelb	1,5—2	3,4—3,6	Seitenflächen gestreift; roth.
Glasglanz	weiss	1—1,5	1,4—1,5	Geschmack scharf alkalisch.
Seidenglanz	röthlichweiss	2—2,5		Geschmack zusammenziehend; roth.
Glasglanz	grünlichweiss	2	1,8—1,9	Geschmack herb und zusammenziehend.
Glasglanz	weiss	2—5,3	2,7—2,8	Geschmack schwach salzig.
Perlmutterglanz	weiss	3—3,5	2,2	auf dem Bruch Glasglanz.
Glasglanz	weiss	4,5—5	2,7—2,9	selten frei auskrystallisirt.
Glasglanz	weiss	4	3,6	säulenförmig; klein; gelblichweiss.
Glasglanz	weiss	3,5	2,7	auf $\infty P\infty$ Perlmutterglanz.

Monoklines Krystallsystem.

Name	Gewöhnliche Krystallform	Winkel	Spaltung oder Bruch
Glaubersalz (Mirabilit)	oP. ∞P∞.(∞P∞) P∞. ∞P	∞P = 86°31'	nach ∞P∞
Akmit	∞P∞.(∞P∞). ∞P P. P∞	∞P = 87°	nach ∞P
Triphan (Spodumen)	∞P∞.(∞P∞). ∞P P. ∞P	∞P = 87°	nach ∞P
Pyroxen	∞P. ∞P∞.(∞P∞) P. oP. Zwillinge	∞P = 87°6'	nach ∞P. ∞P∞
Malakolith	wie Pyroxen	∞P = 87°6'	nach ∞P. ∞P∞
Diopsid	wie Pyroxen	∞P = 87°6'	nach ∞P. ∞P∞
Augit	wie Pyroxen	∞P = 87°6'	nach ∞P
Lazulith	P. −P. −P∞. oP. P∞.(∞P∞). Zwillinge	∞P = 91°30'	nach ∞P unvollkommen
Skolezit	∞P. P. −P. Zwillinge	∞P = 91°35'	nach ∞P
Tinkal	∞P. ∞P∞.(∞P∞). oP. P	∞P = 93°	nach ∞P und ∞P∞
Monazit	(∞P∞). oP. ∞P. −P∞. P. P∞.(P∞)	∞P = 93°23'	nach oP

Mineralien ohne Metallglanz.

Glanz	Strich	Härte	Spec. Gew.	Besondere Bemerkungen
Glasglanz	weiss	1,5—2	1,4—1,5	Geschmack kühlend und salzig-bitter.
Glasglanz	gelblichgrau	6—6,5	3,5—3,6	lang säulenförmig; braunschwarz.
Glasglanz	weiss	6,5—7	3,1—3,2	auf Spaltungsflächen Perlmutterglanz; grünlich.
Glasglanz	grau	5—6	3,2—3,5	⎫
Glasglanz	grau	5—6	3,2—3,5	⎬ durchsichtig bis durchscheinend; grünlich; aufgewachsen.
Glasglanz	grau	5—6	3,2—3,5	⎭
Glasglanz	grau	5—6	3,2—3,5	oft eingewachsen; häufig schwarz und undurchsichtig oder dunkelgrün.
Glasglanz	farblos	5—6	3—3,1	bläulich.
Glasglanz	weiss	5—5,5	2,2—2,3	säulen- oder nadelförmig.
Fettglanz	weiss	2—2,5	1,5—1,7	süsslich alkalisch schmeckend.
Fettglanz	röthlichgelb	5—5,5	4,9—5,9	selten; roth bis braun.

Monoklines Krystallsystem.

Name	Gewöhnliche Krystallform	Winkel	Spaltung oder Bruch
Krokoit	∞P. —P. P.	∞P = 93° 42'	nach ∞P
Kobaltblüthe	∞P∞. (∞P∞). (P∞). ∞P	∞P = 94°12'	nach (∞P∞)
Wagnerit	∞P	∞P = 95°25'	nach ∞P
Turnerit	complicirte Krystalle	∞P = 96°10'	nach ∞P∞ und (∞P∞)
Kupferlasur	∞P. oP. —P	∞P = 99°32'	nach ∞P unvollkommen
Datolith	oP. ∞P. ∞P₂. —P	∞P = 102°30'	nach ∞P∞. und ∞ unvollkommen
Malachit	—P. oP. (∞P∞)	∞P = 104°20'	nach oP u. (∞P∞
Gaylüssit	∞P. —P∞. —P. oP	∞P = 111°10'	nach ∞P
Eisenblau (Vivianit)	∞P∞. ∞P. P. (∞P∞)	∞P = 111°12'	nach (∞P∞)
Gyps	∞P. —P. (∞P∞)	∞P = 111°42'	nach (∞P∞)
Yttrotitanit	P. —P. ∞P. ∞P∞	∞P = 114°	nach —P

Mineralien ohne Metallglanz.

Glanz	Strich	Härte	Spec. Gew.	Besondere Bemerkungen
Diamantglanz	pomeranzengelb	2,5—3	6—6,1	lang säulenförmig; roth.
Glasglanz	blassroth	2,5	2,9—3	Spaltungsflächen perlmutterglänzend; Krystalle klein, tafel- oder nadelartig.
Glasglanz	weiss	5,5	3,1	selten und klein.
Diamantglanz	graulich	4—5		sehr selten.
Glasglanz	smalteblau	3,5—4	3,6—3,8	kurz säulenförmig oder dick tafelartig; smalteblau.
Glasglanz	weiss	5—5,5	2,9—3	dick tafelartig.
Wachsglanz	spangrün	3,5—4	3,6—4	smaragdgrün.
Glasglanz	grau	2,5	1,9	
Glasglanz	bläulich	1,5—2	2,6—2,7	vertikal tafelartig; blau.
Glas- bis Perlmutterglanz	weiss	1,5—2	2,2—2,4	
Fettglanz	hellgrau oder braun	6—7	3,5—3,7	braunroth; auf Spaltungsflächen glasglänzend.

Monoklines Krystallsystem.

Name	Gewöhnliche Krystallform	Winkel	Spaltung oder Bruch
Pharmakolith	oP. ∞P. —P. ($\frac{1}{2}$P∞)	∞P = 117°24'	nach (∞P∞)
Feldspath	∞P. oP. (∞P∞).P∞	∞P = 118°50'	nach oP. u. (∞P∞)
Adular	„	∞P = 118°50'	„
Orthoklas	„	∞P = 118°50'	„
Sanidin	„	∞P = 118°50'	„
Botryogen	∞P. ∞P₂. oP. $\frac{1}{2}$P∞	∞P = 119°56'	nach ∞P
Kaliglimmer	rhombische oder sechsseitige Blättchen	∞P = 120° oder 60°	nach oP
Brewsterit	∞P. (∞P∞)	∞P = 121°	nach (∞P∞)
Klinochlor (Ripidolith)	—P. P. oP. 4P∞	∞P = 121°28'	nach oP
Amphibol	∞P. oP. ∞P∞. (∞P∞). P∞ Zwill.	∞P = 124°30'	nach ∞P, nach ∞P∞ undeutlich
Strahlstein	gewöhnlich nur ∞P oP	∞P = 124°30'	nach ∞P
Hornblende	obige Formen	∞P = 124°30'	nach ∞P
Basaltische Hornblende	∞P. oP. P. (∞P∞)	∞P = 124°30'	nach ∞P

Mineralien ohne Metallglanz.

Glanz	Strich	Härte	Spec. Gew.	Besondere Bemerkungen
Glasglanz	weiss	2—2,5	2,6—2,7	Spaltungsflächen perlmutterglänzend; sehr klein.
Glasglanz	weiss	6	2,5—2,6	
Glasglanz	weiss	6	2,5—2,6	stark glänzend; durchsichtig; farblos oder weiss; nur aufgewachsen.
Glasglanz	weiss	6	2,5—2,6	durchscheinend bis undurchsichtig, auf- und eingewachsen.
Glasglanz	weiss	6	2,5—2,6	durchscheinend; grau; gewöhnlich tafelartig.
Glasglanz	ockergelb	2,5	2	hyacinthroth bis gelbbraun.
Perlmutterglanz	graulichweiss	2—3	2,8—3,1	dünne Blättchen; elastisch; gewöhnlich silberweiss.
Glasglanz	weiss	5	2,1—2,2	auf ($\infty P \infty$) Perlmutterglanz.
Perlmutterglanz auf $_0$P	grünlichweiss	2—3	2,6—2,7	dünne Blättchen biegsam; grün.
Glasglanz	grau	5—6	2,9—3,4	
Glasglanz	grau	5-6	2,9—3,4	durchsichtig grün; langsäulenförmig.
Glasglanz	grau	5-6	2,9—3,4	} dunkelgrün oder schwarz und undurchsichtig; Spaltungsflächen gewöhnlich rissig.
Glasglanz	grau	5-6	2,9—3,4	

Monoklines Krystallsystem.

Name	Gewöhnliche Krystallform	Winkel	Spaltung oder Bruch
Titanit (Sphen)	∞P. oP. $\frac{1}{2}$P∞. P∞. (P∞). ($\frac{1}{2}$P$_2$). Zwillinge	∞P = 133°54'	nach ∞P. u. (P∞)
Euklas	∞P$_2$. 3P$_3$. (∞P∞). ∞P	∞P = 144°45'	nach (∞P∞)
Epidot (Pistazit)	∞P∞. P∞. oP. —P. P	oP : ∞P∞ = 90° 35'	nach ∞P∞
Heulandit	(∞P∞). ∞P∞.(P∞). oP	oP : ∞P∞ = 116° 20'	nach (∞P∞)

Mineralien ohne Metallglanz.

Glanz	Strich	Härte	Spec. Gew.	Besondere Bemerkungen
Glasglanz	weiss	5—5,5	3,4—3,6	grün bis braun; durchsichtig oder durchscheinend.
Glasglanz	weiss	7,5	3	
Glasglanz	grau	6—7	3,2—3,5	Krystalle horizontal säulenförmig durch $\infty P\infty$
Glasglanz	weiss	3,5—4	2,1—2,2	auf ($\infty P\infty$). Perlmutterglanz.

Triklines

(Die angegebenen Winkel sind di

Name	Gewöhn-liche Krystallform	Winkel	Spaltung oder Bruch
Babingtonit	$\infty\bar{P}\infty . \infty\bar{P}\infty . \infty P'.$ $\infty'P. oP$	90°24'	nach oP
Pyrallolith	$\infty'P'. 'P. \infty P\infty$	94°36'	nach $\infty\bar{P}\infty$ u. $\infty\bar{P}$
Sillimanit	$\infty P'. \infty'P. P'. oP$	98°	nach oP
Disthen	$\infty'P. \infty P', oP. \infty\bar{P}\infty$ $\infty\bar{P}\infty$	106°15'	nach ∞P
Axinit	$\infty P. oP. \infty P\infty$	115°30'	nach oP. und $\infty\bar{P}$
Sassolit	$\infty P. oP. \infty\bar{P}\infty$	118°30'	nach oP
Anorthit	$oP. \infty\bar{P}\infty. \infty P'. \infty'P$	120°30'	nach oP. und $\infty\bar{P}$
Oligoklas	$oP. \infty P. \infty\bar{P}\infty$	120°42'	nach oP. und $\infty\bar{P}$

stumpfen Winkel der Prismen).

Glanz	Strich	Härte	Spec. Gew.	Besondere Bemerkungen
Glasglanz	grünlichgrau	5,5—6	3,4—3,5	Krystalle klein; schwarz.
Fettglanz	weiss	3,5—4	2,5—2,6	grünlichweiss bis gelblich.
Fettglanz	weiss	6,5—7	3,3	Krystalle lang säulenförmig; farblos bis nelkenbraun.
Glasglanz	weiss	5—7	3,5—3,6	lang säulenförmig.
Glasglanz	weiss	6,5—7	3,2—3,3	Trichroismus.
Perlmutterglanz	weiss	1	1,4	sechsseitige Blättchen; weiss; schmeckt salzig, dann bitter.
Glasglanz	weiss	6	2,6—2,7	Krystalle klein.
Glasglanz	weiss	6	2,6	oP. fein gestreift.

Triklines Krystallsystem.

Name	Gewöhn-liche Krystallform	Winkel	Spaltung oder Bruch
Labradorit	$\infty P'. \infty' P. oP. \infty \breve{P} \infty$	121°37'	nach oP. und $\infty \breve{P} o$
Albit	$\infty \breve{P} \infty . \infty' P'. oP. P\infty .$ $P\infty . \prime P\infty .$ Zwillinge	122°15'	nach oP und $\infty \breve{P} o$
Kupfervitriol	$\infty' P'. \infty P'. P' \quad \infty \bar{P} \infty$	123°10'	nach ∞P unvollkommen

Triklines Krystallsystem.

Glanz	Strich	Härte	Spec. Gew.	Besondere Bemerkungen
Glasglanz	weiss	6	2,6—2,7	oP und $\infty \breve{P} \infty$ gestreift.
Glasglanz	weiss	6—6,5	2,6	Spaltungsflächen perlmutterglänzend.
Glasglanz	bläulichweiss	2,5	2,1—2,3	blau; widerlicher Geschmack.

Hexagonales

A. Holoedrisch krystal-

(Hier sind zuerst die Randkantenwinkel der Pyra-

Mineralien

Name	Gewöhnliche Krystallform	Winkel	Spaltung oder Bruch
Antimonnickel	∞P. oP. P. P. ½P	112°10'—130°58'	uneben
Polybasit	oP. ∞P. P	117°—129°32'	nach oP unvollkommen
Osmium-Iridium	oP. ∞P. P	124°—127°36'	nach oP
Magnetkies	∞P. oP	126°50'—126°52'	nach P∞ unvollkommen
Kupfernickel (Rothnickelkies)	∞P. oP. P	P = 86°50'	muschelig
Molybdänglanz (Wasserblei)	∞P. oP		nach oP
Tenorit	∞P. oP		
Graphit	∞P. oP	∞P = 122°24'	nach oP

Krystallsystem.

lisirende Mineralien.

miden angegeben, dann die Scheitelkantenwinkel).

mit Metallglanz.

Glanz	Strich	Härte	Spec. Gew.	Besondere Bemerkungen
Metallglanz	röthlichbraun	5	7,5—7,6	licht kupferroth; Krystalle selten.
Metallglanz	schwarz	2—2,5	6—6,5	tafelartig; eisenschwarz.
Metallglanz	unverändert	7	19,3	tafelartig; zinnweiss.
Metallglanz	dunkelgrau	3,5—4,5	4,4—4,7	magnetisch; braun.
Metallglanz	dunkelbraun	5—5,5	7,3—7,7	selten krystallisirt; kupferroth.
Metallglanz	grauschwarz	1—1,5	4,5—4,6	fettig anzufühlen, abfärbend; hell bleigrau.
Metallglanz	unverändert			dünne Blättchen; stahlgrau; braun durchscheinend.
Metallglanz	schwarz	0,5—2	1,8—2,4	abfärbend; fettig; dünne Blättchen.

Hexagonales

A. Holoedrisch krystal

Mineralien

Name	Gewöhnliche Krystallform	Winkel	Spaltung oder Bruch
Coquimbit	oP. ∞P	58°—128°8'	nach ∞P unvollkommen
Beryll (Smaragd)	∞P. P. oP	59°54'—151°5'	nach oP; nach ∞P unvollkommen
Vanadinit	∞P. oP. P	80° - 142°30'	muschelig
Apatit	∞P. P. oP. ∞P2. 2P2. ½P	80°26'—142°20'	nach ∞P und oP
Pyromorphit (Grünbleierz)	∞P. P. oP. ∞P2	80°44'—142°12'	nach P unvollkommen
Mimetesit	wie Pyromorphit	80°44'—142°12'	nach P unvollkommen
Nussierit	wie Pyromorphit	80°44'—142°12'	splitterig
Gmelinit	P. oP. ∞P	80°54'—142°14'	nach P

Krystallsystem.

...irende Mineralien.

...hne Metallglanz.

Glanz	Strich	Härte	Spec. Gew.	Besondere Bemerkungen
Glasglanz	weiss	2—2,5	2—2,1	Geschmack vitriolähnlich.
Glasglanz	weiss	7,5—8	2,6—2,7	∞P. stark gestreift; grün; blaugrün; gelbgrün.
Fettglanz	weiss	3	6,8—7,2	gelb und braun; klein; selten.
Glasglanz	weiss	5	3,1—3,2	auf Spaltungs- und Bruchflächen Fettglanz; Ecken und Kanten oft zugerundet.
Fettglanz	schwachgelb	3,5—4	6,9—7	∞P oft rauh und gewölbt; meist grün.
Diamant- oder Fettglanz	schwachgelb	3,5—4	7,1—7,2	meist gelb.
Fettglanz	gelblichweiss	4—4,5	5	meist braun.
Glasglanz	weiss	4,5	2—2,1	weiss.

Hexagonales Krystallsystem.

Name	Gewöhn- liche Krystallform	Winkel	Spaltung oder Bruch
Greenokit	∞P. P. ₀P	87°14′—139 38′	nach ∞P
Nephelin (Eläolith)	∞P. ₀P. P	88°6′—139°19′	nach ₀P u. ∞P
Pyrosmalith	∞P. ₀P. P	101°34′—134°10′	nach ₀P
Chlorit	∞P. ∞P	106 50′—132°40′	nach ₀P
Kämmererit	₀P. ∞P	120°18′—168°52′	nach ₀P
Kupferindig	₀P. ∞P	155°	nach ₀P
Parisit	P. ₀P	164°58′—130°34′	nach ₀P

Mineralien ohne Metallglanz.

Glanz	Strich	Härte	Spec. Gew.	Besondere Bemerkungen
Diamantglanz	ziegelroth	3—3,5	4,8	gelb bis braunroth; hemimorph; selten.
Glasglanz	weiss	5,5—6	2,5—2,6	auf dem Bruch Fettglanz
Fettglanz bis metallischer Perlmutterglanz	hellgrün	4—4,5	2,9—3	Spaltung perlmutterglänzend; braun bis grün.
Perlmutterglanz	grünlich	1—1,5	2,7—2,9	dünne Blättchen, etwas biegsam.
Perlmutterglanz		2—3	2,6	Blättchen; roth; violblau, grün.
Fettglanz	unverändert	1,5—2	3,8	indigblau bis schwarz.
Glasglanz	gelblichweiss	4,5	4,3	selten.

Hexagonale

B. Rhomboedrisch krysta[...]

(Die Scheidelkantenwinkel d[...]

Mineralie[...]

Name	Gewöhn- liche Krystallform	Winkel	Spaltung oder Bruch
Tetradymit	oR. R. —½R. Zwillinge	66°40'	nach oR
Arsen	oR. R. —½R	85°4'	nach oR; nach ½ undeutlich
Titaneisen (Ilmenit)	oR. R. —½R	85°40'	nach oR
Eisenglanz	R. oR. ∞P₂. —½R. ½P₂	86°	nach oR und R
Gediegen Tellur	∞R. oR. R. —R	86°57'	nach ∞P; nach o[...] unvollkommen
Gediegen Antimon	R. ½R. oR	87°35'	nach oR und —[...]
Gediegen Wismuth	R. oR	87°40'	nach R

Krystallsystem.

lisirende Mineralien.

Rhomboeders sind angegeben).

mit Metallglanz.

Glanz	Strich	Härte	Spec. Gew.	Besondere Bemerkungen
Metallglanz	schwarz	1—2	7,4—7,5	silberweiss bis zinnweiss.
Metallglanz	zinnweiss	3,5	5,7	Krystalle sehr selten und klein; zinnweiss; matt und schwarz angelaufen.
Metallglanz	schwarz	5—6	4,6—5	magnetisch.
Metallglanz	kirschroth	5,5—6,5	5,1—5,2	R horizontal gestreift; eisenschwarz.
Metallglanz	zinnweiss	2—2,5	6,1—6,4	sehr selten und klein.
Metallglanz	unverändert	3—3,5	6,6—6,8	sehr selten und klein.
Metallglanz	unverändert	2—2,5	9,6—9,8	oft verzerrt; silberweiss mit röthlichem Schimmer; bunt angelaufen.

Hexagonales Krystallsystem.

Name	Gewöhnliche Krystallform	Winkel	Spaltung oder Bruch
Rothgültigerz	$\infty R_2. R. -\frac{1}{2}R. \frac{\infty R.R_2}{2}$	107°50′	nach $-\frac{1}{2}R$
Schwefelnickel (Millerit)	$\infty R. oR$	144°8′	nach R

Mineralien

Name	Gewöhnliche Krystallform	Winkel	Spaltung oder Bruch
Pennin	$R. oR$	65°50′	nach oR
Tetradymit	$oR. R. -\frac{1}{2}R.$ Zwill.	66°40′	nach oR
Magnesiaglimmer (Biotit)	$oR. \infty R_2. R$	71°4′	nach oR
Zinnober	$R. \frac{1}{2}R. \frac{1}{4}R. oR. \infty R$	71°48′	nach ∞R
Eudialit	$R. oR. \infty R_2. \frac{1}{2}R$	73°30′	nach oR
Brucit	$oR. R. -\frac{1}{2}R$	82°22′	nach oR
Korund (Saphir)	$R. oR. \infty R_2. 4R_3$	86°4′	nach R. und oR
Jarosit	$oR. R$	88°58′	nach oR

Mineralien ohne Metallglanz.

Glanz	Strich	Härte	Spec. Gew.	Besondere Bemerkungen
metallischer Diamantglanz	cochenill- oder kirschroth	2—3	5,8	
Metallglanz	unverändert	3,5	5,2—5,3	nadelförmig; messinggelb.

ohne Metallglanz.

Glanz	Strich	Härte	Spec. Gew.	Besondere Bemerkungen
Perlmutterglanz	grünlichweiss	2,3	2,6	tafelartig; grün; etwas fettig.
matt	schwarz	1—2	7,4—7,5	silber- bis zinnweiss.
Glasglanz	grünlichgrau	2,5	2,8—2,9	oR perlmutterglänzend; braun bis schwarz; dünne Blättchen.
Diamantglanz	scharlachroth	2—2,5	8—8,2	horizontal gestreift; roth ins Bleigraue.
Glasglanz	weiss	5—5,5	2,8—2,9	selten; röthlich.
Perlmutterglanz	weiss	1,5—2	2,3—2,4	etwas fettig; dünn tafelartig.
Glasglanz	weiss	9	3,9—4	einige Varietäten zeigen auf oR Perlmutterglanz
Glasglanz	ockergelb	3—4	3,2	klein und tafelartig.

Hexagonales Krystallsystem.

Name	Gewöhnliche Krystallform	Winkel	Spaltung oder Bruch
Alunit	R. oR	89° 10'	nach oR
Beudantit	R. oR. —2R	91°18'	
Quarz (Bergkrystall)	R. —R. ∞R. 4R. 2R2. oP$\frac{2}{4}$	94°15'	nach R unvollkommen
Chabasit	R. —½R. —2R. Zwillinge	94°46'	nach R
Levyn	oR. R. —¼R	100°31'	nach R unvollkommen
Kalkspath	R. —¼R.—½R. —2R. —4R. ∞R. oR. R2. ½R2. 16R. 2R2	105°5'	nach R
Bitterspath (Dolomit)	R. —¼R. —2R. —4R. ∞R2. oR	106°15'	nach R
Natronsalpeter	R	106°30'	nach R
Ankerit	R. —½R. Zwillinge	106°12'	nach R
Manganspath	R. oR. —½R	106°51'	nach R
Eisenspath	R. —½R. oR	107°	nach R

Mineralien ohne Metallglanz.

Strich	Härte	Spec. Gew.	Besondere Bemerkungen
weiss	5	2,6—2,7	
gelblichgrün			
weiss	7	2,6	auf dem Bruch Fettglanz.
weiss	4—4,5	2—2,1	oft gestreift; meist farblos.
grau	4	2,1—2,2	
weiss	3	2,6—2,8	aufgewachsen.
weiss	3,5—4	2,8—3	oft sattelförmig gebogen; aufgewachsen.
weiss	1,5—2	2—2,2	Geschmack bitter und kühlend.
weiss	3,5—4	2,9—3,1	gelblich.
röthlichweiss	3,5—4	3,3—3,6	sattelförmig; fleischroth.
hellbraun	3,5—4	3,7—3,9	grau bis braun.

Hexagonales Krystallsystem.

Name	Gewöhnliche Krystallform	Winkel	Spaltung oder Bruch
Mesitinspath	$-\frac{1}{2}$R. oR	107°14'	nach R
Magnesit	R. $-\frac{1}{2}$R. 2R. oR	107°25'	nach R
Zinkspath (Galmei)	R. $-\frac{1}{2}$R. -2R. 4R. oR. ∞R2	107°40'	nach R
Xanthokon	oR. R. $-$R	108°26'	nach R. und oR
Rothgültigerz	R. ∞R2. $-\frac{1}{2}$R. $\frac{1}{2}$R3	108°42'	nach $-\frac{1}{2}$R
Troostit	R. ∞P2	115°	nach ∞P2
Phenakit	R. ∞R2. $\frac{2}{3}$P2	116°36'	nach R. und ∞P
Dioptas	-2R. ∞R2	126°24'	nach R
Willemit	∞R. R. oR	128°30'	nach oR; nach ∞ unvollkommen
Turmalin (Schörl)	∞R. $\frac{1}{2}$∞R. R. $-$R2. ∞R2	133°8'	nach R und ∞R2 unvollkommen

Mineralien ohne Metallglanz.

Strich	Härte	Spec. Gew.	Besondere Bemerkungen
weiss	3,5	3,3—3,4	gelbliche linsenförmige Krystalle.
weiss	4—4,5	2,9—3,1	bisweilen auf Spaltungsflächen Perlmutterglanz; Krystalle eingewachsen.
weiss	5	4,1—4,5	
pomeranzen-gelb	2—3	5,2	gelb bis braun; dünne Tafeln.
cochenill-oder kirschroth	2—3	5,7—5,8	
gelblich	5,5	4—4,1	grün, gelb, braun.
weiss	7,5—8	2,9—3	
grün	5	3,2—3,3	grün; durchsichtig.
weiss	5,5	4,1—4,2	Krystalle klein.
weiss	7—7,5	2,9—3,2	Hemimorphismus; Prismenflächen vertikal gestreift; beim Erwärmen polar-elektrisch.

Register.

Die Zahlen in Cursivschrift beziehen sich auf die Tafeln zur Bestimmung der Mineralien durch physikalische Kennzeichen.

A

Achmit 52. — *110.*
Adular 51. — *114.*
Aeschynit 54. — *88. 100.*
Alaun 28. — *72.*
Albit 51. — *120.*
Allanit 46.
Allophan 48.
Alstonit 30. — *98.*
Altait 28.
Aluminit 31. 35.
Alunit 31. — *132.*
Amalgam 39. — *60.*
Amblygonit 43. — *96.*
Ammoniak-Alaun 29. — *72.*
Amphibol 51. — *114.*
Analcim 45. 49. — *74.*
Anatas 54. — *82.*
Andalusit 53. — *92.*
Anglesit 33. — *94.*
Anhydrit 30. — *94.*
Ankerit *132.*
Anorthit 50. — *118.*
Antigorit 47.
Antimon 21. 27. — *128.*
Antimonblende 21. 27.
Antimonblüthe 21. — *102.*
Antimonglanz 21. 27. — *90.*
Antimonnickel 27. — *122.*
Antimonocker 21. 27.

Antimonsilber 26. — *88.*
Apatit 43. 44. — *124.*
Apophyllit 49. — *80.*
Argentit 33.
Arkansit 54. — *102.*
Arquerit 60.
Arragonit 30. — *96.*
Arsen 21. 23 — *128.*
Arsen-Antimon 23.
Arsenblüthe 21. — *68.*
Arseneisen 23. — *88.*
Arsenikkies 23. — *86.*
Arsenikkobaltkies. 64.
Arsennickel 23. — *122.*
Asbest 51.
Atakamit 39. — *96.*
Augit 51. — *110.*
Auripigment 21. — *94.*
Axinit 51. — *118.*
Azorit *82.*

B

Babingtonit *118.*
Barytocalcit 30. — *108.*
Bergkrystall 53. — *132.*
Beryll 53. — *124.*
Beudantit *132.*
Biotit 53. — *130.*
Bismuthit 33. — *84.*
Bittersalz 28. — *92.*

Bitterspath 30. — *132*.
Blättererz 28. — *76*.
Blei 37. 39.
Bleiglanz 33. — *62*.
Bleihornerz 38. — *80*.
Bleispath 38. — *86*.
Bleivitriol 33. — *94*.
Boltonit 48.
Boracit 31. 43. — *72*.
Borocalcit 31.
Botryogen 33. — *114*.
Boulangerit 27.
Bournonit 26. — *84*.
Boussingaultit 29.
Brauneisenstein 32.
Braunit 40. — *76*.
Braunstein 40. — *84*.
Brewsterit 49. — *114*.
Brochantit 35. — *96*.
Brognartin 31. — *108*.
Bromsilber 39. — *70*.
Bronzit 53.
Brookit 54. — *102*.
Brucit 31. — *130*.
Buntkupfererz 33. 36. — *66*.
Bustamit 41.

C

Caledonit *92*.
Calomel 21. — *82*.
Carmenit 34. 36.
Carnallit 29.
Cerit 47.
Cerussit 38. — *86*. *98*.
Chabasit 49. — *132*.
Chalkolith *82*.
Chalkophyllit. 24.
Chalkopyrit 34. 36. — *76*.
Chalkotrichit 39.
Chiastolith 53. — *92*.
Childrenit 41. — *102*.
Chiolith 31. 43.
Chlausthalit 21. 25.
Chloantit 88.
Chlorblei 21. — *98*.

Chlorit 49. 53. — *126*.
Chlorsilber 39. — *70*.
Chondroarsenit 24.
Chondrodit 48.
Chonikrit 49.
Christophit 36.
Chromeisenstein 32. — *66*. *70*.
Chromocker 44.
Chrysoberyll 54. — *104*.
Chrysolith 48. — *100*.
Chrysotil 48.
Cimolit 53.
Cölestin 30. — *96*.
Columbit 41. 54. — *84*. *94*.
Copiapit 33.
Coquimbit 33. — *124*.
Cordierit 53. *98*.
Cotunnit 21. — *98*.
Covellit 33.
Crednerit 39.
Cuprit 39. — *68*.
Cuproblumbit 33.

D

Danburit 51.
Datolith 45. — *112*.
Dechenit 38.
Desmin 49. — *102*.
Diallag 51.
Diamant 54. — *68*.
Diaspor 54. — *100*.
Dimagnetit *88*.
Diopsid 51. — *110*.
Dioptas 39. — *134*.
Disthen 53. — *118*.
Dolomit 30. — *132*.
Düfrenoysit 23. — *66*. *90*.

E

Edingtonit *80*.
Eisen *60*.
Eisenapatit 41.
Eisenblau 43. — *112*.
Eisenglanz 32. — *128*.

Eisenkies 36. — *62.*
Eisennickelkies 34. — *62.*
Eisenocker 33.
Eisenplatin *62.*
Eisensinter 24.
Eisenspath 32. — *132.*
Eisenvitriol *108.*
Eläolith 46. — *126.*
Embolit *70.*
Enargit *84.*
Epidot 52. — *116.*
Epistilbit *102.*
Epsomit 28. — *92.*
Erdkobalt 40.
Erinit 24.
Euchroit 24. — *98.*
Eudialith 46. -- *130.*
Euklas 53. — *116.*
Eukolith 46.
Eusynchit 38.
Euxenit 54. — *104.*

F

Fahlerz 23. 26. — *66.*
Faserzeolith 45.
Faujasit 45. — *72.*
Fayalit 46.
Feldspath 50. 51. — *114. 118. 120.*
Fergusonit *76.*
Fischerit 44. — *100.*
Fluellit *104.*
Fluocerit 44.
Flussspath 31. — *68.*
Franklinit 32. — *64.*

G

Gadolinit 48.
Gahnit 42. 54. — *70.*
Galena 33. — *62.*
Galmei 41. 42. — *94. 134.*
Gaylüssit 30. — *112.*
Gelbbleierz 38. — *80.*
Gelbeisenstein 32.
Gehlenit 48. — *82.*
Geokronit 23. 26. — *88.*

Gibbsit 44.
Gismondin 45. — *80.*
Glanzkobalt 23. — *64.*
Glaserit 29. — *100.*
Glaskopf (rother u. brauner) 32. 33.
Glaubersalz 28. — *110.*
Glaukodot *86.*
Glimmer 52. 53. — *114. 130.*
Glottalit *74.*
Gmelinit 45. — *124.*
Göthit 32. — *100.*
Gold 40. — *60.*
Grammatit 51.
Granat 41. 52. — *74.*
Graphit 21. 54. — *122.*
Grauspiessglanzerz 21. — *90.*
Greenokit 36. — *126.*
Grossular 50.
Grünbleierz 37. — *124.*
Grüneisenstein 43.
Gymnit 49.
Gyps 30. — *112.*

H

Haarkies 33. — *130.*
Hämatit 32.
Haidingerit 31. — *94.*
Harmotom 49. — *102.*
Hauerit 36. — *62. 70.*
Hausmannit 40. — *76.*
Hauyn 46. 74.
Helvin 41. — *74.*
Herderit *104.*
Heteromorphit 27.
Heulandit 49. — *116.*
Hisingerit 45.
Hövelit 21.
Hopeit *94.*
Hornblende 51. — *114.*
Hornsilber 39. — *70.*
Humboldilith 46. — *78.*
Humit 48. — *104.*
Huraulit *106.*
Hyacinth 53. — *78.*
Hyalith 53.

Hydrargyllit 44.
Hydroborazit 43.
Hydromagnesit 30.
Hypersthen 53.

I

Idokras 52. — 78.
Ilmenit 32. — 128.
Iridium 60.

J

Jamsonit 26. — 86.
Jarosit 130.
Jodsilber 39.
Johannit 35. 36. — 108.

K

Kakoxen 35.
Kalait 44.
Kali-Alaun 28. — 72.
Kaliglimmer 52. — 114.
Kalisalpeter 29. — 98.
Kalksalpeter 29.
Kalkspath 30.
Kämmererit 126.
Kaolin 53.
Karpholith 41. — 96.
Karstenit 30. — 94.
Keramohallit 31. 35.
Kieselkupfer 39.
Kieselmangan 41.
Kieselwismuth 37. — 70.
Kieselzink 42. — 94.
Kieserit 31.
Klinochlor 49. 53. — 114.
Klinoklas 106.
Knebelit 51.
Kobaltblühte 24. — 112.
Kobaltin 23. — 64.
Kobaltkies 33. 35. — 62.
Kobaltvitriol 35. — 108.
Kobellit 26.
Königit 96.

Köttigit 24.
Kollyrit 48.
Korund 54. — 130.
Kreittonit 72.
Kreuzstein 49. — 102.
Krokoit 38. — 112.
Kryolith 31. 43.
Kupfer 39. — 60.
Kupferantimonglanz 27. — 90.
Kupferglanz 33. 36. — 88.
Kupferindig 33. 36. — 126.
Kupferkies 34. 36. — 76.
Kupferlasur 39. — 112.
Kupfernickel 23. — 122.
Kupferschaum 24.
Kupferschwärze 39. — 62.
Kupfervitriol 35. — 120.

L

Labrador 50. — 120.
Langit 35.
Lanthanit 44.
Larnakit 33.
Lasurstein 46. — 74.
Laumontit 45. — 108.
Lazulith 54. — 110.
Leadhillit 33. — 98.
Leberkies 36.
Leonhardit 108.
Leopoldit 21.
Lepidokrokit 33.
Leuzit 50. — 74.
Levyn 132.
Libethenit 39. — 92.
Lievrit 46. — 86. 96.
Linarit 35. — 108.
Linsenerz 24. — 98.
Lirokonit 24. — 98.
Lithionit 51.
Löweit 29. — 80.

M

Magnesiaglimmer 53. — 130.
Magnesitspath 30. 44. — 134.

Magneteisen 32. — *64*.
Magnetkies 36. — *122*.
Malachit 39. — *112*.
Malakolith 110.
Malakon 78.
Mangan-Epidot 41. — *116*.
Manganglanz 36. — *62*.
Manganit 40. — *84*.
Manganocalcit 41.
Manganspath 41. — *132*.
Marcelin 40.
Marcylit 35.
Marienglas 30.
Markasit 36. — *86*.
Mascagnin 21. — *96*.
Matlockit 37. — *82*.
Meerschaum 47. 49.
Melanglanz 26. — *86*.
Melanochroit 38.
Mendipit 37. — *94*.
Mengit *102*.
Mejonit 46. — *78*.
Melilith 46. — *78*.
Mennige 37.
Merkurblende 21. — *130*.
Mesitinspath *134*.
Mesotyp 31. 45. — *92*.
Millerit 33. — *130*.
Mimetesit 37. — *124*.
Mirabilit 28. — *110*.
Mispickel 23. — *86*.
Misy 33.
Molybdänglanz 36. — *122*.
Molybdänocker 43. 44.
Monazit 44. — *110*.
Monradit 47.
Mosandrit 49.
Myargirit 26. — *106*.

N

Nadeleisenstein 32. — *100*.
Nadelerz 33.
Nagyagit 28. — *76*.
Natrolith 31. 45. — *92*.
Natron-Alaun 28.

Natronsalpeter 29. — *132*.
Nemalith 30.
Neolith 47. 49.
Nephelin 46. — *126*.
Nickelantimonglanz 27. — *64*.
Nickelblühte 24.
Nickelglanz 23. — *64*.
Nickelsmaragd 40.
Nickelwismuthglanz 62.
Niobit 41. 54. — *84. 94*.
Nontronit 33. 45.
Nosean 46. 74.
Nussierit *124*.

O

Oerstedtit 78.
Okenit 49. — *100*.
Oligoklas 51. — *118*.
Olivenit 24. — *92*.
Olivin 48. — *100*.
Opal 53.
Ophit 47. 49.
Orangit 48. — *82*.
Orthit 46.
Orthoklas 51. — *114*.
Osmium-Iridium 54. — *122*.

P

Palagonit 49.
Palladium 60.
Parisit 44. — *126*.
Pechblende 44. — *70*.
Peganit 44. — *100*.
Pektolith 49.
Pennin 49. 53. — *126. 130*.
Periklas 44. — *68*.
Perowskit 54. — *72*.
Petalit 51.
Pharmakolith 24. 31. — *114*.
Phenakit 53. — *134*.
Phillipsit 45. — *102*.
Phosphorocalcit 39. — *106*.
Plagionit 26. — *106*.
Platin 60.

Pleonast 31. 54. — 70.
Pissophan 35.
Pistazit 52. — 116.
Polianit 84.
Polybasit 23. 26. — 122.
Polyhallit 30. — 96.
Polykras 44. 54. — 90.
Polymignit 54. — 90.
Polysphärit 37. — 124.
Prehnit 49. — 94.
Psilomelan 40.
Pyrallolith 118.
Pyrit 36. — 62.
Pyrochlor 54. — 72.
Pyrochroit 41.
Pyrolusit 40. — 84.
Pyromorphit 37. — 124.
Pyrop 52. — 74.
Pyrophyllit 53.
Pyrosmalith 126.
Pyrosklerit 49.
Pyroxen 110.
Pyrrhit 72.

Q

Quarz 53. — 132.
Quecksilberhornerz 21.

R

Rahtit 34. 36.
Realgar 21. — 108.
Rhodizit 70.
Rhodonit 41.
Ripidolith 49. 53. — 114.
Romeit 27 — 80.
Rothbleierz 38. — 112
Rotheisenstein 32. 33.
Rothgültigerz 24. 26. 27. — 130. 134.
Rothkupfererz 39. — 68.
Rothnickelkies 23. — 122.
Roth-Spiessglanzerz 21.
Rutil 54. — 76. 78.

S

Salmiak 21. — 68.
Salpeter 29.
Sanidin 51. — 114.
Saphir 54. — 130.
Sarkolith 80.
Sassolit 43. — 118.
Scheelit 54. — 80.
Schilfglaserz 26. — 106.
Schillerspath 47.
Schörl 52. — 134.
Schorlamit 50
Schrifterz 28. — 86.
Schwefel 21. — 104.
Schwefelkies 36. — 62.
Schwefelnickel 33. — 130.
Schwerbleierz 37.
Schwerspath 30. — 94.
Selen 21.
Selenblei 25. — 64.
Selenbleikupfer 25.
Selenkupfer 25.
Selenquecksilber 21. 25.
Selenschwefel 21.
Selensilber 25.
Sennarmontit 21. — 68.
Serpentin 47. 49.
Silber 39. — 60.
Silberblende 24. 26. 27.
Silberglanz 33. 35. — 62.
Silberkupferglanz 33. — 88.
Sillimanit 118.
Skapolith 46.
Skleroklas 23. — 90.
Skolezit 45. — 110.
Skolopsit 46.
Skorodit 24. — 104.
Smaltin 23. — 64.
Smaragd 53. — 124.
Smirgel 54.
Soda 28. — 108.
Sodalith 46. — 74.
Spargelstein 43. 44. — 124.
Speisskobalt 23. — 64.
Sphärosiderit 32.

Sphen 51. — *116.*
Spiessglanz-Silber 26.
Spinell 31. 54. — *70.*
Spodumen 51. — *110.*
Sprödglaserz 26. — *86.*
Stassfurthit 31. 43.
Staurolith 53. — *100.*
Steinmark 53.
Steinsalz 29. — *68.*
Sternbergit *90.*
Stiblith 21. 27.
Stilbit 49. — *102.*
Stilpnosiderit 32. 33.
Stolzit 38. — *80.*
Strahlkies 36. — *86.*
Strahlstein 41. — *114.*
Strontianit 30. — *98.*
Sylvan 21.
Sylvanit 28. — *86.*
Sylvin 21.
Symplesit 24.

T

Tachyaphaltit *82.*
Tachylit 50.
Talk 53. — *102.*
Tantalit 41. — *88. 102.*
Tellur 21. 28. — *128.*
Tellurblei 28.
Tellursilber 28.
Tellurwismuth 28.
Tennantit 66. — *74.*
Tenorit *122.*
Tephroit 41.
Tesseralkies *64.*
Tetradymit 28. 33. — *128. 130.*
Thenardit 29. — *100.*
Thermonatrit 28. — *96.*
Thomsonit 45. — *92.*
Thonmangangranat 41. — *74.*
Thorit 47.
Thulit 52.
Tinkal 29. — *110.*
Titaneisen 32. — *128.*
Titanit 51. — *116.*

Tombazit 34. — *62.*
Topas 53. — *100.*
Triphan 51. — *110.*
Triphyllin 41.
Triplit 41.
Tritomit 72.
Trombolith 39.
Trona 28. — *106.*
Troostit *134.*
Tschewkinit 46.
Türkis 44.
Tungstein 54. — *80.*
Turmalin 52. — *134.*
Turnerit *112.*

U

Ullmannit 27. — *64.*
Uranglimmer *82.*
Uranit 43. — *82.*
Uranocker 44.
Uranpecherz 44. — *70.*
Uwarowit 53.

V

Vanadinit 38. — *124.*
Vauquelinit 38.
Vesuvian 52. — *78.*
Vivianit 43. — *112.*
Volborthit 39.
Voltait 33. — *72.*

W

Wad 41.
Wagnerit 43. — *112.*
Warwikit 53.
Wasserblei 36. — *122.*
Wasserkies 36. — *86.*
Wavellit 44. — *100.*
Weiss-Arseniknickel 23. — *64.*
Weissbleierz 38. — *86. 98.*
Weissnickelkies. 23. — *64.*
Wernerit 46. 50. — *78.*
Willemit 42. — *134.*

Wismuth 37. — *128.*
Wismuthglanz 33. — *84.*
Wismuthocker 37.
Wismuthspath 37.
Witherit 30. — *98.*
Wöhlerit 50.
Wolframit 32. 54. — *86. 94.*
Wolframocker 54.
Wollastonit 46. — *108.*
Würfelerz 24. — *72.*
Wulfenit 38. — *80.*

X

Xanthokon *134.*

Y

Yttrotantalit 54. — *88.*

Yttrotitanit 43. 51. — *112.*
Ytterspath 54. — *78.*

Z

Zeylanit 31. 54. — *70.*
Zinkblende 36. — *70.*
Zinkblühte 42.
Zinkenit 26. — *88.*
Zinkkies 33. 35. 36. — *66.*
Zinkoxyd 42.
Zinkspath 41. *134.*
Zinkvitriol 35. — *92.*
Zinnober 21. — *130.*
Zinnstein 54. — *80.*
Zirkon 53. — *78.*
Zoisit 51. — *116.*

www.ingramcontent.com/pod-product-compliance
Lightning Source LLC
Chambersburg PA
CBHW030352170426
43202CB00010B/1346